Bosse † / Glaab · Grundlagen der Elektrotechnik III

Grundlagen der Elektrotechnik III

Wechselstromlehre, Vierpol- und Leitungstheorie

Prof. Dr.-Ing. Georg Bosse †
Prof. Dr.-Ing. Arnold Glaab

3. Auflage

Die Deutsche Bibliothek - CIP-Einheitsaufnahme

Grundlagen der Elektrotechnik / Georg Bosse ... - Düsseldorf :
VDI-Verl.
(VDI-Hochschultaschenbuch)
Teilw. im BI-Wiss.-Verl., Mannheim, Leipzig, Wien, Zurich
NE: Bosse, Georg
3. Wechselstromlehre, Vierpol- und Leitungstheorie. - 3. Aufl.
- 1996
Früher als BI-Hochschultaschenbuch ; Bd. 184

ISBN-13: 978-3-540-62147-8 e-ISBN-13: 978-3-642-48824-5
DOI: 10.1007/978-3-642-48824-5

VORWORT ZUR 3. AUFLAGE

Wegen der anhaltenden Nachfrage nach diesem Buch wurde eine Neuauflage fällig. Es gab nichts zu korrigieren, so daß die Vorauflage, abgesehen von einer Begriffsänderung und vom Buchformat, unverändert nachgedruckt werden konnte.

Coburg, im März 1996 *Arnold Glaab*

VORWORT ZUR 2. AUFLAGE

Ein Neudruck gab die Möglichkeit, den Text zu überarbeiten, Fehler zu beseitigen und im Unterricht gewonnene Erfahrung zu nutzen. Insbesondere konnten die Abschnitte über Vierpoltheorie durch Berücksichtigung neuerer Normen vereinfacht werden. An der Neugestaltung des Textes hat mein Mitarbeiter, Herr Dipl.-Ing. H. J. Fischer wesentlichen Anteil. Ihm habe ich zu danken, ebenso wieder dem Bibliographischen Institut für die Zusammenarbeit.

Darmstadt, im August 1978 *Georg Bosse*

VORWORT ZUR 1. AUFLAGE

Das hier vorgelegte dritte Bändchen der Grundlagen der Elektrotechnik gibt eine Einführung in die Theorie der linearen Wechselstromnetze. Die hier gültigen Gesetzmaßigkeiten werden zunächst aus den Näherungslösungen der Maxwellschen Gleichungen für den quasistationären Zustand abgeleitet und auf den eingeschwungenen Zustand linearer Netze spezialisiert, die mit sinusförmigen Spannungen oder Strömen gespeist werden. Den eigentlichen Inhalt des Bändchens bildet die Theorie der Linearen Zweipole und Vierpole einschließlich der homogenen Leitung.

Vorausgesetzt wird die Kenntniss der Rechnung mit komplexen Größen und der Grundbegriffe der Funktionentheorie.

An der Ausarbeitung und Gestaltung des Manuskriptes hat mein Assistent, Herr Dipl.-Ing. A. Glaab, entscheidenden Anteil. Er hat auch die Abbildungen entworfen, und ihm gilt mein besonderer Dank. Ebenso danke ich wieder Frau A. Baumgarten für die Reinschrift des Manuskriptes und Herrn cand. ing. H. L. Dalpke für die Ausführung der Abbildungen. Dem Verlag Bibliographisches Institut danke ich für die erfreuliche Zusammenarbeit.

Darmstadt, im November 1968 *Georg Bosse*

INHALTSVERZEICHNIS

9. DER STROMKREIS IM QUASISTATIONÄREN ZUSTAND

9.1 Anwendung der Maxwellschen Gleichungen auf konzentrierte Schaltelemente

Im Abschnitt 8.1 des zweiten Bandes haben wir die Maxwellschen Gleichungen für ruhende Medien in der Integralform

$$\oint \boldsymbol{H} \cdot \mathrm{d}\boldsymbol{s} = \int_A \left(\boldsymbol{J} + \frac{\partial \boldsymbol{D}}{\partial t} \right) \cdot \mathrm{d}\boldsymbol{A} \tag{9.1}$$

$$\oint \boldsymbol{E} \cdot \mathrm{d}\boldsymbol{s} = -\int_A \frac{\partial \boldsymbol{B}}{\partial t} \cdot \mathrm{d}\boldsymbol{A} \tag{9.2}$$

kennengelernt. Dabei sind Umlaufrichtung des Integrationsweges und Orientierung der Flächennormalen einander im Sinne einer Rechtsschraube zuzuordnen. Die Gleichungen bilden zusammen mit den drei Materialgleichungen

$$\boldsymbol{D} = \varepsilon \boldsymbol{E} \tag{9.3}$$

$$\boldsymbol{H} = \frac{1}{\mu} \boldsymbol{B} \tag{9.4}$$

$$\boldsymbol{J} = \kappa \boldsymbol{E} \tag{9.5}$$

die Grundlage für die Berechnung aller elektromagnetischen Vorgänge. Wir wollen sie benutzen, um das elektrische Verhalten der schon bekannten Anordnungen bzw. Schaltelemente „Kondensator", „Widerstand" und „Spule" zu ermitteln. Es wird sich zeigen, daß unter gewissen Einschränkungen die zunächst nur für zeitlich konstante Felder definierten Kenngrößen „Kapazität", „Widerstand" und „Induktivität" die Eigenschaften der genannten Schaltelemente auch für zeitlich veränderliche Felder ausreichend genau beschreiben.

Aus den Maxwellschen Gleichungen folgt – was hier nicht bewiesen werden kann –, daß sich eine Änderung des elektrischen und magnetischen Feldes im Raum mit der Geschwindigkeit $c = 1/\sqrt{\varepsilon\mu}$ ausbreitet. Für $\varepsilon = \varepsilon_0$ und $\mu = \mu_0$ wird c gleich der Lichtgeschwindigkeit im Vakuum.

Die Auswertung der Maxwellschen Gleichungen wird nun wesentlich erleichtert, wenn sich die elektrischen und magnetischen Vorgänge zeitlich so langsam ändern, daß demgegenüber alle Ausbreitungserscheinungen der Vorgänge im Beobachtungsraum vernachlässigt werden können. Einen solchen Zustand nennt man quasistationär.

Als Beispiel betrachten wir eine Spannungsquelle, die ihre Polarität 10^5-mal in der Sekunde wechselt und deren Klemmen mit zwei Drähten von der Länge eines Labortisches verbunden sind. Ein Wechsel der Polarität bedeutet eine Änderung der elektrischen Feldrichtung, die sich längs des Drahtes nahezu mit Lichtgeschwindigkeit fortpflanzt. Die Ausbreitungsdauer beträgt dann bei einer Drahtlänge von 3 m nur 10^{-8} s und kann gegenüber der Zeit von 10^{-5} s zwischen zwei Polaritätswechseln vernachlässigt werden. In diesem Fall beobachten wir die Änderung der elektrischen Spannung und des elektrischen Feldes überall auf dem Tisch fast zur gleichen Zeit. Oder anders ausgedrückt: Im quasistationären Zustand ist die zeitliche Änderung der Vorgänge unabhängig vom Ort. In den Gleichungen (9.1) und (9.2) lassen sich deshalb die orts- und zeitabhängigen Feldgrößen in das Produkt eines ausschließlich ortsabhängigen und eines zeitabhängigen Faktors zerlegen. Der zeitabhängige Faktor ist in bezug auf die Integration konstant und kann vor das Integral gezogen werden.

Die Integration über den Raum vereinfacht sich weiter, wenn wir folgende Vernachlässigungen machen:

1. Die Wirkung elektrischer Felder berücksichtigen wir nur dort, wo wir durch geeignete Anordnungen eine im Vergleich zu anderen Stellen besonders hohe Energiedichte erreichen, z. B. zwischen den Elektroden eines Plattenkondensators.
2. Die magnetische Wirkung elektrischer Ströme berücksichtigen wir nur an solchen Stellen, wo wir durch geeignete Anordnungen eine im Vergleich zu anderen Stellen besonders hohe Energiedichte erreichen, z. B. in einer Spule mit vielen Windungen.
3. Materialien mit endlicher Leitfähigkeit sollen ausschließlich in einem Bauelement „Widerstand" konzentriert sein.

Unter diesen Voraussetzungen erhalten wir drei verschiedene Anordnungen, die wir als „Kondensator", „Spule" und „Widerstand" bezeichnen. Diese „Schaltelemente" sind durch Leitungsdrähte miteinander verbunden. Wegen der genannten Idealisierungen werden der Widerstand sowie das elektrische und magnetische Feld in der Umgebung der Leitungsdrähte vernachlässigt. Spannungen treten dann nur zwischen den Klemmen der Bauelemente auf. Dort können sie eindeutig definiert werden, weil das von den zeitlich veränderlichen Strömen hervorgerufene Magnetfeld außerhalb der Spulenwicklung zu vernachlässigen ist.

Selbstverständlich ist das eine sehr weitgehende Idealisierung, sie ist aber bei vielen in der Elektrotechnik vorkommenden Aufgabenstellungen mit recht guter Annäherung erfüllt, und nur sie ermöglicht es, in einfacher Weise die Ströme und Spannungen in Netzen zu berechnen, die aus den Schaltelementen „Spule", „Kondensator" und „Widerstand" gebildet sind.

Wir behandeln nun die Schaltelemente und ihre Eigenschaften im einzelnen.

Die Spule

Wir betrachten eine Spule mit n Windungen und einem ringförmigen Eisenkern nach Abb. 9.1. Wenn die Permeabilität μ des Kernes sehr viel größer ist als μ_0, existiert nur im Kern ein wesentliches magnetisches

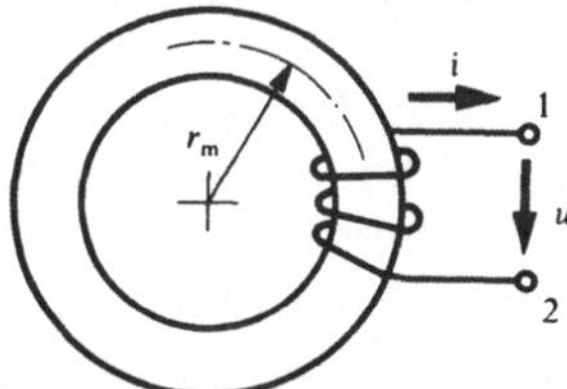

Abb. 9.1 Ringspule

Feld, und wir brauchen nur dort die Größen $\boldsymbol{H}$ und $\boldsymbol{B}$ zu berechnen. Die Feldlinien sind im Kern konzentrische Kreise, und wegen des konstanten Querschnittes ist der Betrag von $\boldsymbol{H}$ und von $\boldsymbol{B}$ längs einer Feldlinie konstant. Unter Vernachlässigung des Verschiebungsstromes ergibt die 1. Maxwellsche Gleichung den Durchflutungssatz, der wegen der Symmetrie des Feldes die Berechnung von $H(r)$ gestattet:

$$\oint \boldsymbol{H}\,\mathrm{d}\boldsymbol{s} = H(r)\cdot 2\pi r = n i . \tag{9.6}$$

Wenn der Kern ein relativ dünner Ring ist, ändert sich r und damit H innerhalb des Ringes nur wenig. Wir dürfen deshalb die Größe $2\pi r$ durch einen mittleren Wert $2\pi r_m = l$ ersetzen. Dann gilt überall im Kern

$$H l = n i , \tag{9.7}$$

und der Betrag der magnetischen Flußdichte hat wegen Gleichung (9.4) die Große

$$B = \mu H = \frac{\mu n i}{l} . \tag{9.8}$$

Bei einer Änderung des Stromes i und damit des magnetischen Feldes entsteht zwischen den Klemmen der Spule eine Induktionsspannung u, die wir aus Gleichung (9.2) berechnen. Den geschlossenen Integrationsweg s im Integral auf der linken Seite von (9.2) zerlegen wir nach Abb. 9.2 in zwei Teilstücke. Das erste Stück b verläuft von der Klemme 2 ausgehend

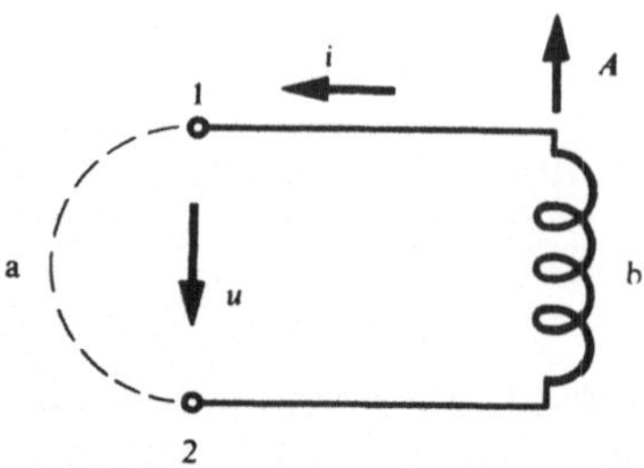

Abb. 9.2 Zur Veranschaulichung des Integrationsweges für die Berechnung der Umlaufspannung bei einer Spule

entlang den Drahtwindungen der Spule zur Klemme 1, und zwar rechtsschraubig zur eingezeichneten Windungsfläche A, während das zweite Stück a von der Klemme 1 auf einem beliebigen Weg außerhalb der Spule zur Klemme 2 zurückführt. Es ist dann

$$\int_{2b1a2} \boldsymbol{E}\cdot \mathrm{d}\boldsymbol{s} = \int_{2b1} \boldsymbol{E}\cdot \mathrm{d}\boldsymbol{s} + \int_{1a2} \boldsymbol{E}\cdot \mathrm{d}\boldsymbol{s} = -n \int_{A} \frac{\partial \boldsymbol{B}}{\partial t}\cdot \mathrm{d}\boldsymbol{A}\,, \tag{9.9}$$

weil der Weg b das Magnetfeld n-mal umschließt. Da die elektrische Feldstärke in der als widerstandslos angenommenen Spulenwicklung den Wert null haben muß, wird

$$\int_{2b1} \boldsymbol{E}\cdot \mathrm{d}\boldsymbol{s} = 0\,.$$

Die gesamte induzierte Spannung u tritt deshalb zwischen den Spulenklemmen auf und hat die Größe

$$\int_{1a2} \boldsymbol{E}\cdot \mathrm{d}\boldsymbol{s} = u = -n \int_{A} \frac{\partial \boldsymbol{B}}{\partial t}\cdot \mathrm{d}\boldsymbol{A}\,. \tag{9.10}$$

Benutzen wir wie im stationären Fall einen Zählpfeil zur Kennzeichnung der Integrationsrichtung, dann erhält u den in Abb. 9.2 eingetragenen Zählpfeil.

Die magnetische Flußdichte $\boldsymbol{B}$ steht senkrecht auf dem Querschnitt: es wird deshalb

$$u = -n \int_{A} \frac{\partial B}{\partial t}\,\mathrm{d}A = -n\,\frac{\mathrm{d}\Phi}{\mathrm{d}t}\,. \tag{9.11}$$

Im quasistationären Zustand haben die Größen $\boldsymbol{B}$, Φ und i überall in der Spule dieselbe Zeitabhängigkeit. Der Quotient

$$\frac{n\int\limits_A \boldsymbol{B}\mathrm{d}A}{\frac{1}{n}\oint \boldsymbol{H}\mathrm{d}s}=\frac{nBA}{i}=\frac{n\Phi}{i}=L \tag{9.12}$$

ist dann zeitlich konstant und hängt nur von dem Aufbau und den Abmessungen der Spule ab. Es liegt deshalb nahe, ihn wie im stationären Fall als die Induktivität L der Anordnung zu bezeichnen. Mit dieser Definition erhalten wir aus Gleichung (9.11)

$$u=-L\frac{\mathrm{d}i}{\mathrm{d}t}. \tag{9.13}$$

Für die noch unbekannte Induktivität L der Ringkernspule ergibt sich aus Gleichung (9.12) zusammen mit (9.8) der Wert

$$L=\frac{nBA}{i}=\mu\frac{n^2 A}{l}.$$

Ein positiver Wert für L ergibt sich, wenn die positive Zählrichtung des Stromes und die Orientierung des Flächenvektors in Abb. 9.2 einander im Sinne einer Rechtsschraube zugeordnet sind. Die Zählpfeile von Strom und Spannung bilden dann ein Generatorsystem, wie in Abb. 9.2 eingezeichnet.

Abb. 9.3 Abb. 9.4

Schaltsymbol einer Spule und mögliche Zählrichtungen für Strom und Spannung

Kehren wir den Zählpfeil der Spannung oder des Stromes um, dann erhalten wir eine Bepfeilung nach dem Verbrauchersystem (Abb. 9.4). Entsprechend müssen wir auch in Gleichung (9.13) das Vorzeichen wechseln:

$$u=+L\frac{\mathrm{d}i}{\mathrm{d}t}. \tag{9.14}$$

Der Kondensator

Wir betrachten einen Plattenkondensator, bei dem der Raum zwischen den Elektroden mit einem Dielektrikum gefüllt ist, dessen Dielektrizitätskonstante ε viel größer ist als ε_0. Eine wesentliche elektrische Erregung $\boldsymbol{D}=\varepsilon\boldsymbol{E}$ tritt dann nur zwischen den Kondensatorplatten auf, und nur dort brauchen wir $\boldsymbol{D}$ bei der Anwendung der 1. Maxwellschen Gleichung (9.1) zu berücksichtigen. Dazu denken wir uns um eine der Platten eine geschlossene Hüllfläche gelegt (Abb. 9.5) und integrieren die rechte

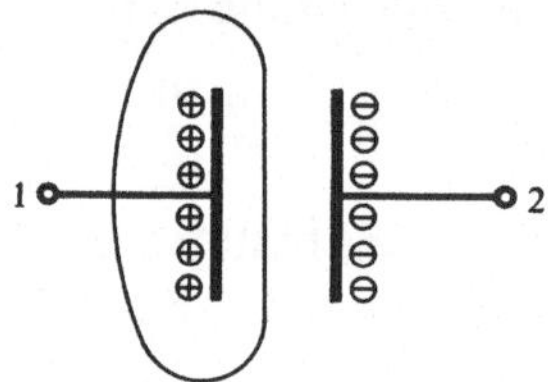

Abb. 9.5 Plattenkondensator

Seite von Gleichung (9.1) über die Oberfläche dieser Hülle. Die linke Seite der Gleichung ergibt den Wert null, weil der Rand einer geschlossenen Hüllfläche die Länge null hat. Also wird

$$\oint_A \left(\boldsymbol{J} + \frac{\partial \boldsymbol{D}}{\partial t}\right) \cdot \mathrm{d}\boldsymbol{A} = \oint \boldsymbol{J} \cdot \mathrm{d}\boldsymbol{A} + \oint \frac{\partial \boldsymbol{D}}{\partial t} \cdot \mathrm{d}\boldsymbol{A} = 0 . \tag{9.15}$$

Der erste Summand in Gleichung (9.15) ergibt gerade den Leitungsstrom i, weil nur im Leiter eine von null verschiedene Stromdichte auftritt. Die positive Zählrichtung des Stromes muß mit dem Flächenvektor des Leiterquerschnittes übereinstimmen. Legen wir fest, daß die Vektoren der Hüllflächenelemente $\mathrm{d}\boldsymbol{A}$ nach außen zeigen, dann erhalten wir die in Abb. 9.6 eingetragene Zählrichtung des Stromes i. Der zweite Summand in Gleichung (9.15) ergibt nur einen Betrag über die Fläche, die von elektrischen Feldlinien durchsetzt ist. Da die Fläche ruht, wird

$$\int_A \frac{\partial \boldsymbol{D}}{\partial t} \cdot \mathrm{d}\boldsymbol{A} = \frac{\mathrm{d}}{\mathrm{d}t} \int_{A_\mathrm{E}} \boldsymbol{D} \cdot \mathrm{d}\boldsymbol{A} , \tag{9.16}$$

wobei $\boldsymbol{A}_E$ die Fläche einer Elektrode ist. Das Integral auf der rechten Seite von (9.16) ergibt die Ladung q der Kondensatorplatte, weil $\boldsymbol{D}$ überall dieselbe Zeitabhängigkeit hat. Damit erhalten wir aus (9.15)

$$\oint_A \left(\boldsymbol{J} + \frac{\partial \boldsymbol{D}}{\partial t} \right) \cdot \mathrm{d}\boldsymbol{A} = i + \frac{\mathrm{d}q}{\mathrm{d}t} = 0$$

oder

$$i = -\frac{\mathrm{d}q}{\mathrm{d}t}. \tag{9.17}$$

Die Spannung zwischen den Kondensatorplatten beträgt

$$u = \int_1^2 \boldsymbol{E}\,\mathrm{d}\boldsymbol{s}. \tag{9.18}$$

Die Richtung des zugehörigen Zählpfeiles ergibt sich aus der Integrationsrichtung in (9.18) und ist in Abb. 9.6 ebenfalls eingetragen. Der Quotient q/u

$$\frac{q}{u} = \frac{\oint_A \boldsymbol{D} \cdot \mathrm{d}\boldsymbol{A}}{\int_s \boldsymbol{E} \cdot \mathrm{d}\boldsymbol{s}} = C \tag{9.19}$$

wird in der Elektrostatik als die Kapazität C einer Anordnung definiert. Diese Festlegung ist auch im quasistationären Zustand sinnvoll, weil

$$i = -C\frac{\mathrm{d}u}{\mathrm{d}t} \qquad\qquad i = C\frac{\mathrm{d}u}{\mathrm{d}t}$$

Abb. 9.6 Abb. 9.7

Schaltsymbol eines Kondensators und mögliche Zählrichtungen für Strom und Spannung

$\boldsymbol{D}$ und $\boldsymbol{E}$ überall die gleiche Zeitabhängigkeit haben, so daß die Größe C in Gleichung (9.19) zeitlich konstant wird. Damit ergibt sich aus Gleichung (9.17)

$$i = -C\frac{\mathrm{d}u}{\mathrm{d}t}. \tag{9.20}$$

Zu dieser Beziehung gehören die in Abb. 9.6 eingetragenen Strom- und Spannungs-Zählpfeile, die in diesem Fall ein Generatorsystem bilden. Benutzen wir dagegen wie in Abb. 9.7 das Verbrauchersystem, dann erhält die zugehörige Gleichung (9.21) das umgekehrte Vorzeichen von (9.20):

$$i = C\frac{\mathrm{d}u}{\mathrm{d}t}. \tag{9.21}$$

Der Widerstand

Als Beispiel für einen Widerstand betrachten wir einen Zylinder aus einem homogenen Material mit der Leitfähigkeit κ, in dem die Strom-

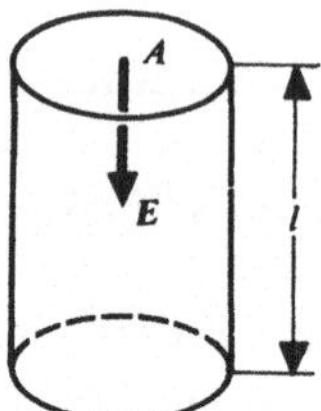

Abb. 9.9 Zylindrischer Widerstand

leitung dem Ohmschen Gesetz gehorcht. Der Zylinder habe die Querschnittsfläche $\boldsymbol{A}$ und die Länge l. Überwiegt die Länge l die übrigen Abmessungen und wird der Zylinder in Längsrichtung von einem Strom i durchflossen (Abb. 9.9), dann haben $\boldsymbol{J}$ und wegen Gleichung (9.5)

$$\boldsymbol{J} = \kappa \boldsymbol{E} \tag{9.5}$$

auch $\boldsymbol{E}$ nur eine Komponente in dieser Richtung; das Strömungsfeld ist eben. Außerdem ist die Strömung wegen des homogenen Materials gleichmäßig über den Querschnitt verteilt, und wir erhalten für den Strom i den einfachen Ausdruck

$$i = \int_{\boldsymbol{A}} \boldsymbol{J}\,\mathrm{d}\boldsymbol{A} = J\,A\,. \tag{9.23}$$

Die Spannung zwischen den Klemmen beträgt

$$u = \int_{\boldsymbol{s}} \boldsymbol{E}\cdot\mathrm{d}\boldsymbol{s} = E\,l\,. \tag{9.24}$$

Im stationären Fall haben wir den Quotienten

$$\frac{u}{i} = \frac{\int_{\boldsymbol{s}} \boldsymbol{E}\cdot\mathrm{d}\boldsymbol{s}}{\int_{\boldsymbol{A}} \boldsymbol{J}\cdot\mathrm{d}\boldsymbol{A}} = R \tag{9.25}$$

als Widerstand R einer Anordnung definiert. Diese Festlegung ist auch im quasistationären Zustand sinnvoll, weil $\boldsymbol{E}$ und $\boldsymbol{J}$ überall im Widerstand dieselbe Zeitabhängigkeit aufweisen. Der Quotient $u/i = R$ ist also zeitlich konstant. Für den Fall eines langen Quaders läßt sich R

nach Gleichung (9.25) zusammen mit (9.5), (9.23) und (9.24) einfach bestimmen:

$$R = \frac{u}{i} = \frac{El}{JA} = \frac{l}{\kappa A}. \tag{9.26}$$

Die Zählrichtungen von u und i ergeben sich aus der sinnvollen Forderung, daß der Zahlenwert von R positiv sein soll, d. h., die Zahlenwerte von u und i müssen das gleiche Vorzeichen haben. Das ist wegen Gleichung (9.5) dann der Fall, wenn die Zählrichtungen von u und i gleich sind, die Zählpfeife also ein Verbrauchersystem bilden, wie es in Abb.

$u = Ri$

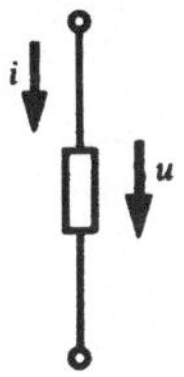

$u = -Ri$

Abb. 9.10a 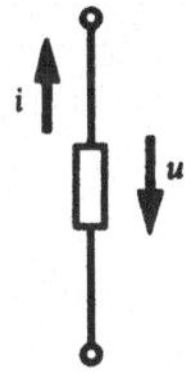 Abb. 9.10b

Schaltsymbol eines Widerstandes und mögliche Zählrichtungen für Strom und Spannung

9.10a dargestellt ist. Kehren wir die Richtung eines Zählpfeiles um (Abb. 9.10b), so muß auch in Gleichung (9.25) und (9.26) das Vorzeichen gewechselt werden.

9.2 Die Kirchhoffschen Gleichungen im quasistationären Fall

Im Abschnitt 3.3 haben wir gefunden, daß im stationären Fall für die Ströme und Spannungen beliebiger elektrischer Netze die Kirchhoffschen Gleichungen gelten. In diesem Abschnitt wollen wir die Frage untersuchen, ob diese Gesetze auch im quasistationären Fall gelten, und betrachten zunächst einen von mehreren Verbindungsleitungen gebildeten Knoten, um den wir eine geschlossene Hüllfläche legen (Abb. 9.11).

Da die Berandung einer geschlossenen Hülle die Länge null hat, ergibt die Integration über die Hülle nach Gleichung (9.1):

$$\oint \boldsymbol{H} \cdot \mathrm{d}\boldsymbol{s} = \int_A \left(\boldsymbol{J} + \frac{\partial \boldsymbol{D}}{\partial t} \right) \cdot \mathrm{d}\boldsymbol{A} = 0. \tag{9.1}$$

Voraussetzungsgemäß vernachlässigen wir im quasistationären Fall den Verschiebungsstrom gegenüber dem Leitungsstrom. Es gilt dann

$$\int_A \boldsymbol{J} \cdot \mathrm{d}\boldsymbol{A} = 0. \tag{9.30}$$

Die Stromdichte $\boldsymbol{J}$ ist nur in den Leitern von null verschieden; es genügt deshalb, die Integration (9.30) über die einzelnen Leiterquerschnitte durchzuführen.

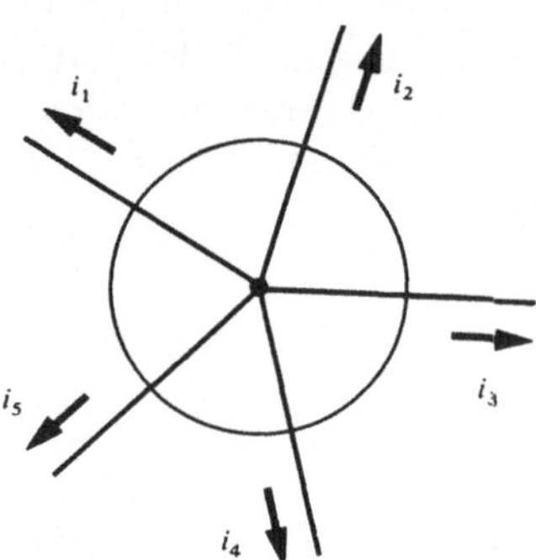

Abb. 9.11 Integration über eine Hülle zur Herleitung der Kirchhoffschen Knotengleichungen

Dabei ergibt sich jeweils der Leiterstrom i_ν an der Stelle, wo die Hüllfläche den Leiter durchschneidet. Da die Stromdichte in einem Leiter überall dieselbe Zeitabhängigkeit aufweist, ist der Strom i_ν unabhängig vom Ort. Bei n Leitern mit den Strömen $i_1, i_2, \ldots, i_n$ wird deshalb unabhängig von der Größe der Hüllfläche

$$\sum_{\nu=1}^{n} i_\nu = 0. \tag{9.31}$$

Die Kirchhoffsche Knotengleichung gilt also auch im quasistationären Zustand, und zwar in jedem Augenblick. Die Zählpfeile der Ströme i_ν stimmen definitionsgemäß mit der Flächenorientierung der einzelnen Hüllflächenelemente überein, müssen also entweder alle vom Knoten weg oder auf den Knoten zu gerichtet sein.

Wir betrachten nun einen geschlossenen Stromkreis, der nach Abb. 9.12 aus mehreren Schaltelementen gebildet wird, und wenden auf ihn das Induktionsgesetz (9.2) an:

$$\oint \boldsymbol{E} \cdot \mathrm{d}\boldsymbol{s} = -\int_A \frac{\partial \boldsymbol{B}}{\partial t} \cdot \mathrm{d}\boldsymbol{A}\,. \tag{9.2}$$

Voraussetzungsgemäß berücksichtigen wir im quasistationären Zustand die Magnetfelder nur im Innern von Spulen, so daß die rechte Seite von (9.2) gleich null wird. Das Umlaufintegral auf der linken Seite wird gleich

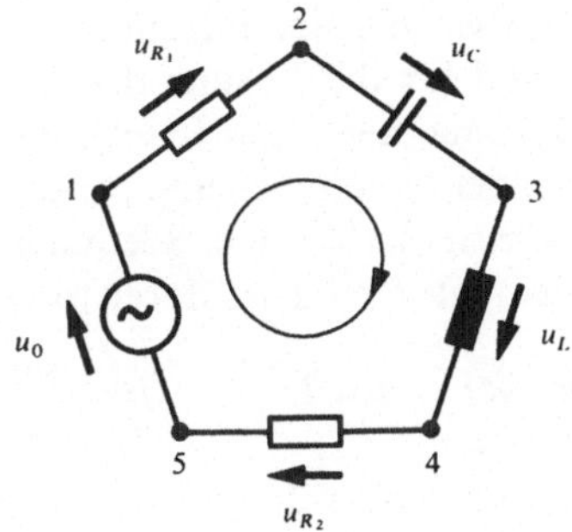

Abb. 9.12 Integration über einen geschlossenen Umlauf zur Herleitung der Kirchhoffschen Maschengleichung

der Summe der Spannungen zwischen den Klemmen der einzelnen Schaltelemente, weil in den widerstandslosen Verbindungsdrähten keine Spannungen auftreten:

$$\oint \boldsymbol{E} \cdot \mathrm{d}\boldsymbol{s} = \sum_{\nu=1}^{n} u_\nu = 0. \tag{9.32}$$

Die Kirchhoffsche Maschengleichung gilt also auch im quasistationären Zustand, und zwar in jedem Augenblick. Die Zählpfeife der Spannungen u_ν stimmen definitionsgemäß mit der willkürlich festgelegten Umlaufrichtung überein.

10. LINEARE NETZE IM EINGESCHWUNGENEN ZUSTAND

10.1 Vorbemerkungen

Im Abschnitt 9 haben wir die Vereinfachungen behandelt, die sich im quasistationären Zustand für die Lösung der Maxwellschen Gleichungen ergeben. Die elektromagnetischen Erscheinungen brauchen in diesem Fall nur im Innern der Schaltelemente „Spule“, „Kondensator“ und „Widerstand“ berücksichtigt zu werden. Klemmenstrom und Klemmenspannung der Schaltelemente sind dann durch folgende Gleichungen miteinander verknüpft:

$$u = R\,i, \qquad u = L\frac{\mathrm{d}i}{\mathrm{d}t}, \qquad i = C\frac{\mathrm{d}u}{\mathrm{d}t}, \tag{10.1}$$

wenn überall das Verbraucher-Zählpfeilsystem benutzt wird.

In diesem Abschnitt wollen wir nur Schaltungen untersuchen, die aus den Elementen R, L und C in beliebiger Weise zusammengesetzt sind. Für die Knoten und Maschen einer solchen Schaltung, die man allgemein als Netz bezeichnet, gelten die Kirchhoffschen Gleichungen

$$\sum i_\nu = 0, \qquad \sum u_\nu = 0. \tag{10.2}$$

Das elektrische Verhalten des Netzes wird also durch irgendeine lineare Kombination der Gleichungen (10.1) beschrieben; anders ausgedrückt: Der Zusammenhang zwischen den Strömen und Spannungen des Netzes wird durch lineare Differentialgleichungen beschrieben. Man nennt ein solches Netz deshalb ein lineares Netz.

Eine wesentliche Eigenschaft linearer Netze folgt aus den Gesetzmäßigkeiten linearer Differentialgleichungen. Es sei z.B.

$$i_{12}(t) = f(u_2(t)) \tag{10.3}$$

der Strom im Zweig 1, wenn eine Spannung $u_2(t)$ im Zweig 2 eingespeist wird, und

$$i_{13}(t) = g(u_3(t)) \tag{10.4}$$

der Strom im Zweig 1 infolge einer Spannung $u_3(t)$ im Zweig 3. Wirken beide Spannungen gleichzeitig, dann ist in einem linearen Netz der Strom im Zweig 1 gleich der Summe beider Teilströme:

$$i_1(t) = i_{12}(t) + i_{13}(t) = f(u_2(t)) + g(u_3(t)) \tag{10.5}$$

d. h., die einzelnen Ströme überlagern sich linear. Es gilt also auch hier der Überlagerungssatz, den wir schon bei der Behandlung linearer Gleichstromkreise kennengelernt haben. Gleichung (10.5) trifft natürlich auch zu, wenn beide Spannungen in demselben Zweig wirken. Daraus folgt sofort, daß eine Verdoppelung der Spannung auch eine Verdoppelung des Stromes bewirkt; oder allgemeiner ausgedrückt: Der Strom infolge der mit λ vervielfachten Spannung beträgt

$$i_1(t) = f(\lambda u_2(t)) = \lambda f(u_2(t)). \tag{10.6}$$

In den folgenden Abschnitten werden wir uns ausschließlich mit linearen Netzen beschäftigen. Dabei untersuchen wir nur den eingeschwungenen Zustand, d. h. die Strom- und Spannungsverteilung, die sich nach dem Abklingen aller Einschaltvorgänge einstellt. Zur Anregung des Netzes benutzen wir ausschließlich sinusförmige Spannungen oder Ströme.

Das hat folgende Gründe:

1. Die Ströme und Spannungen eines linearen Netzes sind im eingeschwungenem Zustand bei sinusförmiger Anregung ebenfalls sinusförmig und lassen sich einfach berechnen.
2. Fast alle beliebigen Zeitfunktionen lassen sich in sinusförmige Zeitfunktionen zerlegen, wie wir bei der Behandlung der Fourieranalyse sehen werden. Zusammen mit dem Überlagerungssatz ist es deshalb möglich, Zweigströme und Spannungen für beliebige Anregungen aus dem Verhalten bei sinusförmiger Anregung zu bestimmen.
3. Sinusförmige Spannungen und Ströme sind technisch einfach herzustellen.

Ehe wir uns mit der angedeuteten Aufgabe beschäftigen, wollen wir noch einige Begriffe erläutern. Eine sinusförmige Größe, z. B. eine Spannung $u(t)$, kann folgendermaßen dargestellt werden:

$$u(t) = \hat{u} \cos(\omega t + \varphi).$$

Dabei ist

$\hat{u}$ die Amplitude,
$\omega t + \varphi$ die Phase,
ω die Kreisfrequenz und
φ die Nullphase oder der Nullphasenwinkel.

Der zeitliche Verlauf der Spannung wiederholt sich periodisch, wenn die Phase um 2π oder ein Vielfaches davon wächst. Für die Periodendauer T gilt deshalb

$$\omega T = 2\pi$$

oder
$$T = \frac{2\pi}{\omega}.$$

Der Kehrwert der Periodendauer ist als Frequenz f definiert:

$$f = \frac{1}{T} = \frac{\omega}{2\pi}.$$

Die Frequenz f hat als häufig vorkommende Größe eine eigene Einheit erhalten; sie lautet

$$1\ \text{Hertz} = 1\ \text{Hz} = 1\ \text{s}^{-1}.$$

10.2 Die Einführung komplexer Größen bei der Berechnung linearer Netze

Wir wollen uns zunächst an einem Beispiel davon überzeugen, daß für ein aus Spulen, Kondensatoren und Widerständen aufgebautes Netz, das mit einer Sinusspannung gespeist wird, eine stationäre Lösung der Netzwerkgleichungen existiert, bei der alle Spannungen und Ströme sinusförmig verlaufen. Wir betrachten dazu eine einfache Schaltung nach Abb. 10.1 und bestimmen den eingeschwungenen Zustand zunächst nach den bekannten Lösungsmethoden für lineare Differentialgleichungen. Anschließend werden wir die Rechnung durch die Einführung komplexer Größen vereinfachen und schematisieren.

Zunächst legen wir die Zählrichtung des Stromes und der Spannungen in Abb. 10.1 fest und stellen die Gleichungen für den Strom und die Spannungen auf.

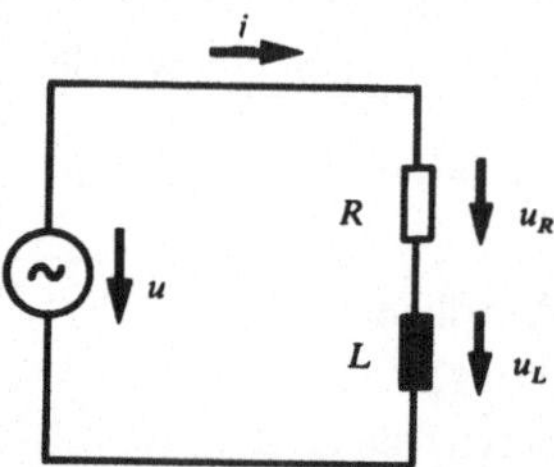

Abb. 10.1 Wechselstromkreis mit Spule und Widerstand

Da das Netz keinen Knoten und nur eine Masche enthält, ergibt ein Umlauf nach der Kirchhoffschen Maschengleichung:

$$u = u_R + u_L. \tag{10.10}$$

Wegen (10.1) erhalten wir hieraus für den Strom i eine lineare Differentialgleichung erster Ordnung:

$$u = Ri + L\frac{\mathrm{d}i}{\mathrm{d}t}. \tag{10.11}$$

Die Spannung u habe einen sinusförmigen Verlauf, z. B.

$$u = \hat{u}\cos(\omega t + \varphi_u).$$

Dann wird

$$\hat{u}\cos(\omega t + \varphi_u) = Ri + L\frac{\mathrm{d}i}{\mathrm{d}t}. \tag{10.12}$$

Uns interessiert nur der eingeschwungene Zustand des Stromes, also die Dauerlösung der Gleichung (10.12), die bekanntlich vom Typ der Anregung u ist; wir wählen deshalb für i den Ansatz

$$i = \hat{i}\cos(\omega t + \varphi_i) \tag{10.13}$$

mit den zunächst unbekannten Größen $\hat{i}$ und φ_i. Mit

$$\frac{\mathrm{d}i}{\mathrm{d}t} = -\hat{i}\omega\sin(\omega t + \varphi_i)$$

wird

$$\hat{u}\cos(\omega t + \varphi_u) = R\hat{i}\cos(\omega t + \varphi_i) - \omega L\hat{i}\sin(\omega t + \varphi_i). \tag{10.14}$$

Außerdem setzen wir

$$\omega t + \varphi_u = x$$

und erhalten nach dem Additionstheorem aus Gleichung (10.14):

$$\begin{aligned} \hat{u}\cos x &= R\hat{i}\cos(x + \varphi_i - \varphi_u) - \omega L\hat{i}\sin(x + \varphi_i - \varphi_u) \\ &= R\hat{i}[\cos x\cos(\varphi_i - \varphi_u) - \sin x\sin(\varphi_i - \varphi_u)] \\ &\quad -\omega L\hat{i}[\cos x\sin(\varphi_i - \varphi_u) + \sin x\cos(\varphi_i - \varphi_u)] \end{aligned}$$

oder

$$\begin{aligned} &\cos x[\hat{u} - R\hat{i}\cos(\varphi_i - \varphi_u) + \omega L\hat{i}\sin(\varphi_i - \varphi_u)] + \\ &+\sin x[R\hat{i}\sin(\varphi_i - \varphi_u) + \omega L\hat{i}\cos(\varphi_i - \varphi_u)] = 0. \end{aligned}$$

Diese Gleichung ist nur dann für alle Zeiten t erfüllt, wenn die Klammerausdrücke den Wert null annehmen:

$$\hat{u} = R\hat{i}\cos(\varphi_i - \varphi_u) - \omega L\hat{i}\sin(\varphi_i - \varphi_u) \tag{10.15}$$

$$0 = R\hat{i}\sin(\varphi_i - \varphi_u) + \omega L\hat{i}\cos(\varphi_i - \varphi_u). \tag{10.16}$$

Quadrieren und Addieren der beiden Gleichungen ergibt

$$\hat{u}^2=\hat{i}^2[R^2+(\omega L)^2]$$

$$\hat{i}=\frac{\hat{u}}{\sqrt{R^2+(\omega L)^2}}. \tag{10.17}$$

Aus Gleichung (10.16) erhalten wir schließlich

$$\tan(\varphi_i-\varphi_u)=-\frac{\omega L}{R}. \tag{10.18}$$

Der Ansatz nach Gleichung (10.13) ist also eine stationäre Lösung der Differentialgleichung (10.12).

Der eben beschrittene Lösungsweg ist aufwendig und unübersichtlich, weil die cos- und sin-Funktionen beim Differenzieren ineinander übergehen. Dagegen bleiben Funktionen von der Form $e^{j\omega t}$ beim Differenzieren und Integrieren bis auf einen Faktor unverändert. Es liegt deshalb nahe, die sin- und cos-Funktionen nach der Eulerschen Formel durch e-Funktionen auszudrücken: Man kann sich dabei auf die cos-Funktion beschränken, da $\sin(x)$ und $\cos(x)$ ineinander übergehen, wenn man im Argument $\pi/2$ addiert oder subtrahiert. $\sin(x)=\cos(x-\pi/2)$. Wir schreiben nun

$$\begin{aligned} u&=\hat{u}\cos(\omega t+\varphi_u)=\tfrac{1}{2}[\hat{u}\,e^{j(\omega t+\varphi_u)}+\hat{u}\,e^{-j(\omega t+\varphi_u)}]\\ &=\tfrac{1}{2}(U\,e^{j\omega t}+U^*e^{-j\omega t}). \end{aligned} \tag{10.19}$$

Die Abkürzungen

$$U=\hat{u}\,e^{j\varphi_u} \quad \text{und} \quad U^*=\hat{u}\,e^{-j\varphi_u} \tag{10.20}$$

bezeichnet man als die komplexe Spannungsamplitude U bzw. die konjugiert komplexe Spannungsamplitude U^*.

Entsprechend schreiben wir für i

$$i=\tfrac{1}{2}(I\,e^{j\omega t}+I^*e^{-j\omega t}) \tag{10.21}$$

mit den Abkürzungen

$$I=\hat{i}\,e^{j\varphi_i}, \qquad I^*=\hat{i}\,e^{-j\varphi_i} \tag{10.22}$$

für die komplexe Stromamplitude I bzw. die konjugiert komplexe Stromamplitude I^*.

Wir setzen die Ausdrücke (10.19) und (10.21) in die Differentialgleichung (10.12) ein und erhalten nach Kürzen des Faktors $\frac{1}{2}$

$$U\,e^{j\omega t}+U^*e^{-j\omega t}=R(I\,e^{j\omega t}+I^*e^{-j\omega t})+j\omega L(I\,e^{j\omega t}-I^*e^{-j\omega t})$$

oder

$$[U-(R+\mathrm{j}\omega L)I]\mathrm{e}^{\mathrm{j}\omega t}+[U^*-(R-\mathrm{j}\omega L)I^*]\mathrm{e}^{-\mathrm{j}\omega t}=0\,.$$

Diese Gleichung ist für beliebige Zeiten t nur erfüllt, wenn die Ausdrücke in den eckigen Klammern den Wert null haben:

$$U-(R+\mathrm{j}\omega L)I=0$$

$$U^*-(R-\mathrm{j}\omega L)I^*=0\,.$$

Es ist also

$$I=\frac{U}{R+\mathrm{j}\omega L}=\frac{U}{Z} \tag{10.23}$$

$$I^*=\frac{U^*}{R-\mathrm{j}\omega L}=\frac{U^*}{Z^*}\,. \tag{10.24}$$

(10.23) und (10.24) sind zwei äquivalente Gleichungen zur Bestimmung von I bzw. I^*; denn jede der beiden Gleichungen geht aus der anderen hervor, indem man die komplexen Größen durch die konjungiert komplexen ersetzt. Zur Bestimmung von i und φ_i genügt deshalb eine der beiden Gleichungen (10.23) und (10.24). Z.B. erhalten wir die Größen $\hat{i}$ und φ_i sehr einfach, wenn wir I aus Gleichung (10.23) in Polarkoordinaten darstellen:

$$I=\hat{i}\mathrm{e}^{\mathrm{j}\varphi_i}=\frac{\hat{u}\mathrm{e}^{\mathrm{j}\varphi_u}}{R+\mathrm{j}\omega L}$$

$$=\frac{\hat{u}}{|R+\mathrm{j}\omega L|}\mathrm{e}^{\mathrm{j}\left(\varphi_u-\arctan\frac{\omega L}{R}\right)}$$

$$=\frac{\hat{u}}{\sqrt{R^2+(\omega L)^2}}\mathrm{e}^{\mathrm{j}\left(\varphi_u-\arctan\frac{\omega L}{R}\right)}.$$

Da zwei komplexe Größen gleich sind, wenn sie in Betrag und Phasenwinkel übereinstimmen, ergibt sich unmittelbar

$$\hat{i}=\frac{\hat{u}}{\sqrt{R^2+\omega^2L^2}} \tag{10.17}$$

$$\varphi_u-\varphi_i=\arctan\frac{\omega L}{R}\,. \tag{10.18}$$

Beide Ergebnisse stimmen mit den weiter oben ermittelten überein.

Wir haben im Anschluß an die Gleichungen (10.23) und (10.24) festgestellt, daß diese Beziehungen äquivalent sind. Die explizite Berechnung von I^* erübrigt sich deshalb, so daß wir für (10.21) einfach schreiben können:

$$\begin{aligned} i &= \tfrac{1}{2}[I\,\mathrm{e}^{\mathrm{j}\omega t} + I^*\,\mathrm{e}^{-\mathrm{j}\omega t}] \\ &= \mathrm{Re}\{I\,\mathrm{e}^{\mathrm{j}\omega t}\} \\ &= \mathrm{Re}\{\hat{i}\,\mathrm{e}^{\mathrm{j}\varphi_i}\,\mathrm{e}^{\mathrm{j}\omega t}\} = \hat{i}\cos(\omega t + \varphi_i)\,. \end{aligned} \tag{10.25}$$

Dasselbe Ergebnis erhalten wir natürlich auch, wenn wir anstelle von I die Größe I^* benutzen.

Entsprechend wird

$$\begin{aligned} u &= \tfrac{1}{2}[U\,\mathrm{e}^{\mathrm{j}\omega t} + U^*\,\mathrm{e}^{-\mathrm{j}\omega t}] \\ &= \mathrm{Re}\{U\,\mathrm{e}^{\mathrm{j}\omega t}\}\,. \end{aligned} \tag{10.26}$$

In Zukunft werden wir durchweg die abgekürzte Schreibweise (10.25) und (10.26) für die Darstellung der sinusförmigen Zeitfunktionen durch ihre zugehörigen komplexen Amplituden benutzen.

Das Beispiel hat gezeigt, daß die Berechnung des eingeschwungenen Zustandes linearer Netze bei sinusförmiger Anregung erheblich einfacher wird, wenn man die komplexen Amplituden benutzt. Anstatt eine Differentialgleichung zu lösen, braucht man nur folgende drei Schritte durchzuführen:

1. Zu den gegebenen physikalischen Größen u bzw. i werden nach Gleichung (10.19) bzw. (10.21) die zugehörigen komplexen Amplituden U bzw. I ermittelt.
2. Im komplexen Bereich ergeben sich alle noch unbekannten komplexen Amplituden aus der Lösung einer linearen algebraischen Gleichung oder eines linearen Gleichungssystemes.
3. Anschließend erhält man die zu U bzw. I gehörenden Zeitfunktionen aus den Gleichungen (10.25) und (10.26).

10.3 Die komplexen Spannungs- und Stromamplituden und der komplexe Widerstand

Im Abschnitt 10.2 haben wir die komplexen Spannungs- und Stromamplituden

$$U = \hat{u}\,\mathrm{e}^{\mathrm{j}\varphi_u} \qquad I = \hat{i}\,\mathrm{e}^{\mathrm{j}\varphi_i} \tag{10.20}$$

kennengelernt, die es gestatten, sinusförmige Spannungen und Ströme

in der Form

$$u = \hat{u}\cos(\omega t + \varphi_u) \qquad i = \hat{i}\cos(\omega t + \varphi_i)$$

darzustellen.

$$u = \mathrm{Re}\{U\,\mathrm{e}^{\mathrm{j}\omega t}\} \qquad i = \mathrm{Re}\{I\,\mathrm{e}^{\mathrm{j}\omega t}\} \tag{10.22}$$

Da in einem linearen Netz, das mit sinusförmigen Spannungen oder Strömen der Frequenz ω gespeist wird, alle Spannungen und Ströme im eingeschwungenen Zustand ebenfalls sinusförmige Vorgänge gleicher Frequenz sind, können alle diese Größen vollständig durch ihre komplexen Amplituden und ihre Frequenz beschrieben werden. Hat man die komplexen Amplituden ausgerechnet, dann ergeben sich die Amplituden und Nullphasenwinkel der Darstellung

$$u = \hat{u}\cos(\omega t + \varphi_u) \qquad i = \hat{i}\cos(\omega t + \varphi_i)$$

oder

$$u = \hat{u}\sin(\omega t + \varphi_u + \pi/2) \qquad i = \hat{i}\sin(\omega t + \varphi_i + \pi/2)$$

aus

$$\hat{u} = |U| \qquad \hat{i} = |I|: \tag{10.30}$$

$$\varphi_u = \sphericalangle U \qquad \varphi_i = \sphericalangle I. \tag{10.31}$$

Verwendet man zur Berechnung des Nullphasenwinkels wie üblich die Gleichungen

$$\varphi_u = \arctan\frac{\mathrm{Im}\{U\}}{\mathrm{Re}\{U\}}, \qquad \varphi_i = \arctan\frac{\mathrm{Im}\{I\}}{\mathrm{Re}\{I\}}, \tag{10.32}$$

dann ist zu berücksichtigen, daß hierbei der Winkel auf $\pm\pi$ unbestimmt bleibt. Der endgültige Wert muß aus den Vorzeichen von Real- und Imaginärteil bestimmt werden. Analog zu der Definition des elektrischen Widerstandes in einem Gleichstromkreis bezeichnet man den Quotienten aus komplexer Spannungs- und Stromamplitude am Klemmenpaar eines Bauelementes

$$\frac{U}{I} = Z \tag{10.33}$$

als komplexen Widerstand oder Impedanz Z und den Kehrwert

$$\frac{I}{U} = Y = \frac{1}{Z} \tag{10.34}$$

als komplexen Leitwert oder Admittanz Y des Bauelementes. In einem linearen Netz sind Z bzw. Y unabhängig von U und I, weil die komplexen Amplituden U und I in einem solchen Netz zueinander proportional sind.

Zusammen mit (10.20) und (10.22) können wir die Definitionsgleichung (10.33) und (10.34) des komplexen Widerstandes Z in Betrag und Phasenwinkel zerlegen:

$$Z = \frac{\hat{u}}{\hat{i}}\, e^{j(\varphi_u - \varphi_i)} = |Z|\, e^{j(\varphi_u - \varphi_i)} \tag{10.35}$$

$$Y = \frac{\hat{i}}{\hat{u}}\, e^{j(\varphi_i - \varphi_u)} = |Y|\, e^{j(\varphi_i - \varphi_u)} = \frac{1}{|Z|}\, e^{j(\varphi_i - \varphi_u)}. \tag{10.36}$$

Die Definition der Impedanzen und Admittanzen ermöglicht es, Wechselstromnetze im eingeschwungenen Zustand ebenso bequem zu berechnen wie Gleichstromnetze. Ehe wir die Regeln für diese Methode aufstellen, wollen wir die Impedanzen der einzelnen Elemente R, L und C bestimmen, die ja die Bausteine der linearen Netze bilden. Dabei gehen wir von den bekannten Beziehungen aus, die Spannung und Strom an den Klemmen der Schaltelemente miteinander verknüpfen. Den benutzten Formeln soll das Verbraucher-Zählpfeilsystem zugrunde liegen.

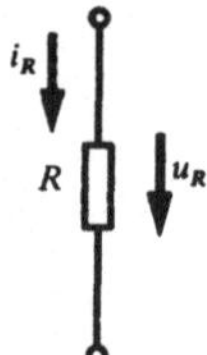

Abb. 10.2 Ohmscher Widerstand

Für den ohmschen Widerstand (Abb. 10.2) gilt

$$u_R = R\, i_R\,. \tag{9.26}$$

Bei sinusförmigem Strom

$$i_R = \hat{i}_R \cos(\omega t + \varphi_i) = \tfrac{1}{2}[I_R e^{j\omega t} + I_R^* e^{-j\omega t}]$$

wird nach Gleichung (9.26) die Spannung

$$u_R = \frac{R}{2}[I_R e^{j\omega t} + I_R^* e^{-j\omega t}] \tag{10.37}$$

ebenfalls sinusförmig. Wir setzen deshalb

$$u_R = \hat{u}_R \cos(\omega t + \varphi_u) = \tfrac{1}{2}[U_R e^{j\omega t} + U_R^* e^{-j\omega t}]$$

und erhalten damit aus (10.37)

$$u_R = \frac{1}{2}[U_R e^{j\omega t} + U_R^* e^{-j\omega t}] = \frac{R}{2}[I_R e^{j\omega t} + I_R^* e^{-j\omega t}]$$

oder

$$[U_R - R I_R] e^{j\omega t} + [U_R^* - R I_R^*] e^{-j\omega t} = 0\,.$$

Diese Gleichung ist für alle t nur erfüllt, wenn

$$U_R = R I_R \quad \text{bzw.} \quad U_R^* = R I_R^*$$

und damit

$$Z_R = \frac{U_R}{I_R} = R \tag{10.38}$$

ist.

Die Impedenz Z_R des ohmschen Widerstandes ist demnach reell, frequenzunabhängig und stimmt mit dem Gleichstromwiderstand überein. Die Phasenwinkel von U_R und I_R sind gleich, oder anders ausgedrückt: Strom und Spannung haben den gleichen Nullphasenwinkel.

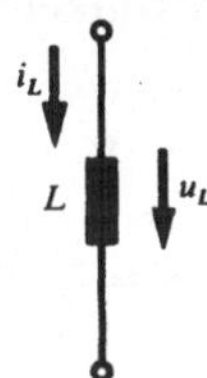

Abb. 10.3 Spule

Für eine Spule mit der Induktivität L (Abb. 10.3) gilt

$$u_L = L \frac{\mathrm{d}i_L}{\mathrm{d}t}. \tag{9.14}$$

Bei sinusförmigem Strom

$$i_L = \tfrac{1}{2}[I_L \mathrm{e}^{\mathrm{j}\omega t} + I_L^* \mathrm{e}^{-\mathrm{j}\omega t}]$$

wird nach Gleichung (9.14) auch die Spannung

$$u_L = \frac{L}{2} \frac{\mathrm{d}}{\mathrm{d}t} [I_L \mathrm{e}^{\mathrm{j}\omega t} + I_L^* \mathrm{e}^{-\mathrm{j}\omega t}] = \frac{1}{2} [\mathrm{j}\omega L I_L \mathrm{e}^{\mathrm{j}\omega t} - \mathrm{j}\omega L I_L^* \mathrm{e}^{-\mathrm{j}\omega t}] \tag{10.39}$$

sinusförmig. Wir setzen deshalb

$$u_L = \tfrac{1}{2}[U_L \mathrm{e}^{\mathrm{j}\omega t} + U_L^* \mathrm{e}^{-\mathrm{j}\omega t}]$$

und erhalten aus Gleichung (10.39)

$$\tfrac{1}{2}[U_L \mathrm{e}^{\mathrm{j}\omega t} + U_L^* \mathrm{e}^{-\mathrm{j}\omega t}] = \tfrac{1}{2}[\mathrm{j}\omega L I_L \mathrm{e}^{\mathrm{j}\omega t} - \mathrm{j}\omega L I_L^* \mathrm{e}^{-\mathrm{j}\omega t}]$$

oder

$$(U_L - \mathrm{j}\omega L I_L)\mathrm{e}^{\mathrm{j}\omega t} + (U_L^* + \mathrm{j}\omega L I_L^*)\mathrm{e}^{-\mathrm{j}\omega t} = 0.$$

Diese Gleichung ist für

$$\frac{U_L}{I_L} = Z_L = \mathrm{j}\omega L \quad \text{bzw.} \quad \frac{U_L^*}{I_L^*} = Z_L^* = -\mathrm{j}\omega L \tag{10.41}$$

erfüllt. Die Impedanz Z_L einer Spule ist also positiv imaginär und wächst proportional zur Kreisfrequenz ω. Die Admittanz

$$Y_L = \frac{1}{Z_L} = \frac{1}{\mathrm{j}\omega L} = -\frac{\mathrm{j}}{\omega L} \tag{10.42}$$

ist negativ imaginär. Aus der Umformung

$$U_L = \mathrm{j}\omega L\, I_L = \omega L\, I_L \mathrm{e}^{\mathrm{j}\frac{\pi}{2}}$$

erkennt man, daß die komplexe Spannungsamplitude U_L einer Spule einen um $\pi/2$ größeren Phasenwinkel hat als I_L, d.h., die Spannung u_L eilt dem Strom i_L um den Phasenwinkel $\pi/2$ voraus.

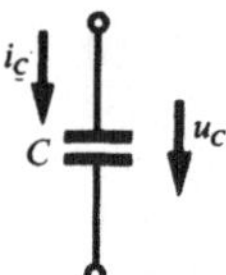

Abb. 10.4 Kondensator

Für einen Kondensator mit der Kapazität C (Abb. 10.4) gilt

$$i_c = C\frac{\mathrm{d}u_c}{\mathrm{d}t}. \tag{9.21}$$

Bei sinusförmiger Spannung

$$u_c = \tfrac{1}{2}[U_c \mathrm{e}^{\mathrm{j}\omega t} + U_c^* \mathrm{e}^{-\mathrm{j}\omega t}]$$

wird nach Gleichung (9.21) auch der Strom

$$i_c = \frac{C}{2}\frac{\mathrm{d}}{\mathrm{d}t}[U_c \mathrm{e}^{\mathrm{j}\omega t} + U_c^* \mathrm{e}^{-\mathrm{j}\omega t}] = \frac{1}{2}[\mathrm{j}\omega C\, U_c \mathrm{e}^{\mathrm{j}\omega t} - \mathrm{j}\omega C\, U_c^* \mathrm{e}^{-\mathrm{j}\omega t}] \tag{10.43}$$

sinusförmig. Wir setzen deshalb

$$i_c = \tfrac{1}{2}[I_c \mathrm{e}^{\mathrm{j}\omega t} + I_c^* \mathrm{e}^{-\mathrm{j}\omega t}]$$

und erhalten aus Gleichung (10.43)

$$\tfrac{1}{2}[I_c \mathrm{e}^{\mathrm{j}\omega t} + I_c^* \mathrm{e}^{-\mathrm{j}\omega t}] = \tfrac{1}{2}[\mathrm{j}\omega C\, U_c \mathrm{e}^{\mathrm{j}\omega t} - \mathrm{j}\omega C\, U_c^* \mathrm{e}^{-\mathrm{j}\omega t}]$$

oder

$$(I_c - \mathrm{j}\omega C\, U_c)\mathrm{e}^{\mathrm{j}\omega t} + (I_c^* + \mathrm{j}\omega C\, U_c^*)\mathrm{e}^{-\mathrm{j}\omega t} = 0\,.$$

Diese Beziehung ist für

$$\frac{I_c}{U_c} = Y_c = \mathrm{j}\omega C \quad \text{bzw.} \quad \frac{I_c^*}{U_c^*} = Y_c^* = -\mathrm{j}\omega C \qquad (10.44)$$

erfüllt.

Die Admittanz eines Kondensators ist also positiv imaginär und wächst proportional zur Kreisfrequenz ω. Umgekehrt ist die Impedanz

$$Z_c = \frac{U_c}{I_c} = \frac{1}{\mathrm{j}\omega C} = \frac{-\mathrm{j}}{\omega C}$$

negativ imaginär. Aus der Umformung

$$I_c = \mathrm{j}\omega C U_c = \omega C U_c \mathrm{e}^{\mathrm{j}\pi/2}$$

erkennt man, daß die komplexe Stromamplitude eines Kondensators einen um $\pi/2$ größeren Phasenwinkel hat als U_c, d.h., der Strom i_c eilt der Spannung u_c um den Phasenwinkel $\pi/2$ voraus.

In Abb. 10.5 sind die drei Elemente R, L und C und ihre Impedanzen noch einmal zusammengestellt.

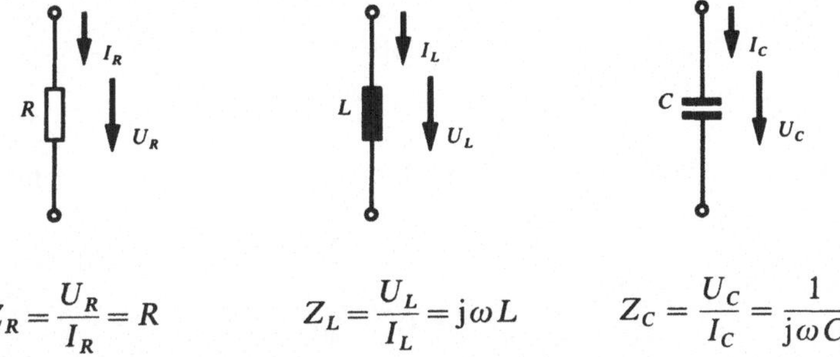

$$Z_R = \frac{U_R}{I_R} = R \qquad Z_L = \frac{U_L}{I_L} = \mathrm{j}\omega L \qquad Z_C = \frac{U_C}{I_C} = \frac{1}{\mathrm{j}\omega C}$$

Abb. 10.5 Die drei linearen Schaltelemente und ihre komplexen Impedanzen

Zur Bestimmung der Impedanzen von R, L und C haben wir das Verbraucherzählpfeilsystem für u und i benutzt. Um die Vorzüge der Zählpfeile auch auf die komplexen Spannungs- und Stromamplituden anwenden zu können, vereinbaren wir, daß die Zählrichtungen von U und I mit denen der zugehörigen reellen Zeitfunktionen u und i übereinstimmen. Die Zählpfeile von U und I haben deshalb in Abb. 10.5 dieselbe Richtung wie die Zählpfeile für u und i in den Abbildungen 10.2–10.4.

10.4 Die Kirchhoffschen Gleichungen für die komplexen Amplituden

Wie in Abschnitt 9.2 gezeigt wurde, gelten für die Knoten und Maschen eines Netzes aus konzentrierten Schaltelementen in jedem Zeitpunkt die Kirchhoffschen Gleichungen

$$\sum i_\nu = 0 \quad \text{(Knoten)} \qquad \text{und} \qquad \sum u_\nu = 0 \quad \text{(Maschen)}.$$

Im eingeschwungenen Zustand haben die Ströme und Spannungen einen zeitlich sinusförmigen Verlauf. Die Größen i_ν und u_ν lassen sich dann in der komplexen Schreibweise

$$i_\nu = \tfrac{1}{2}(I_\nu e^{j\omega t} + I_\nu^* e^{-j\omega t})$$
$$u_\nu = \tfrac{1}{2}(U_\nu e^{j\omega t} + U_\nu^* e^{-j\omega t})$$

darstellen. Wir setzen diese Beziehungen in die Kirchhoffschen Gleichungen ein

$$\sum i_\nu = \tfrac{1}{2}\sum(I_\nu e^{j\omega t}) + \tfrac{1}{2}\sum(I_\nu^* e^{-j\omega t})$$
$$\sum u_\nu = \tfrac{1}{2}\sum(U_\nu e^{j\omega t}) + \tfrac{1}{2}\sum(U_\nu^* e^{-j\omega t})$$

und nehmen den gemeinsamen Faktor $e^{j\omega t}$ bzw. $e^{-j\omega t}$ vor das Summenzeichen:

$$e^{j\omega t}\sum I_\nu + e^{-j\omega t}\sum I_\nu^* = 0$$
$$e^{j\omega t}\sum U_\nu + e^{-j\omega t}\sum U_\nu^* = 0\,.$$

Die beiden Gleichungen sind nur dann für beliebige Zeiten t erfüllt, wenn

$$\sum U_\nu = 0\,, \qquad \sum I_\nu = 0 \tag{10.40}$$

und natürlich auch

$$\sum U_\nu^* = 0\,, \qquad \sum I_\nu^* = 0 \tag{10.41}$$

ist, Diese Beziehungen wollen wir als die Kirchhoffschen Gleichungen für die komplexen Amplituden bezeichnen. Sie ermöglichen es uns, die komplexen Spannungs- und Stromamplituden und die komplexen Widerstände eines linearen Wechselstromnetzes genauso einfach zu berechnen, wie die entsprechenden Größen eines Gleichstromnetzes. Es können also auch hier alle in Abschnitt 4 behandelten Methoden der Netzanalyse angewendet werden. Bevor wir uns mit diesen Fragen beschäftigen, berechnen wir in einem Beispiel die Gesamtimpedanz der Reihen- und Parallelschaltung von n Schaltelementen und betrachten zunächst die Reihenschaltung von n Elementen mit den Impedanzen $Z_1 \ldots Z_n$

nach Abb. 10.8. Die Gesamtimpedanz Z der Reihenschaltung ist durch die Gleichung

$$Z = \frac{U}{I}$$

definiert. Nach der Kirchhoffschen Maschengleichung beträgt die Gesamtspannung

$$U = U_1 + U_2 + U_3 + \dots U_n,$$

und damit wird

$$Z = \frac{U}{I} = \frac{U_1 + U_2 + U_3 + \dots U_n}{I} = \frac{U_1}{I} + \frac{U_2}{I} + \dots \frac{U_n}{I}. \quad (10.45)$$

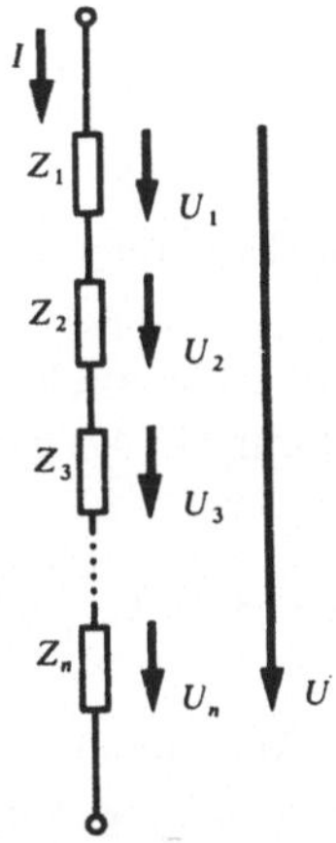

Abb. 10.8 Reihenschaltung komplexer Widerstände

Da der Klemmenstrom aller Schaltelemente gleich I ist, sind die einzelnen Quotienten in Gleichung (10.45) gerade die Teilimpedanzen, und es ergibt sich

$$Z = Z_1 + Z_2 + Z_3 + \dots Z_n. \quad (10.46)$$

Wir bestimmen nun die Gesamtadmittanz Y einer Parallelschaltung von n beliebigen Elementen mit den Admittanzen $Y_1 \dots Y_n$ nach Abb. 10.9. Die Gesamtadmittanz Y ist durch die Gleichung

$$Y = \frac{I}{U}$$

definiert. Nach der Kirchhoffschen Knotengleichung beträgt der Gesamtstrom

$$I = I_1 + I_2 + I_3 + \ldots I_n ,$$

und damit gilt

$$Y = \frac{I}{U} = \frac{I_1 + I_2 + I_3 + \ldots I_n}{U} = \frac{I_1}{U} + \frac{I_2}{U} + \ldots \frac{I_n}{U}. \tag{10.47}$$

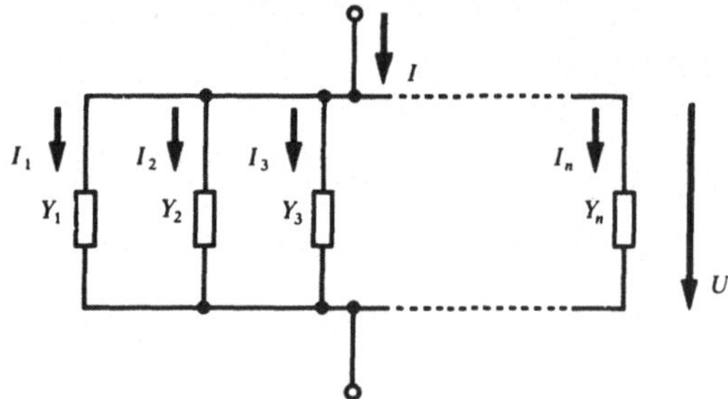

Abb. 10.9 Parallelschaltung komplexer Widerstände

Da die Klemmenspannung aller Schaltelemente gleich U ist, sind die einzelnen Quotienten in Gleichung (10.47) gerade die Teiladmittanzen, und es ergibt sich

$$Y = Y_1 + Y_2 + Y_3 + \ldots Y_n . \tag{10.48}$$

Sowohl (10.46) als auch (10.48) stimmen formal mit den entsprechenden Ergebnissen für Gleichstromschaltungen überein.

10.5 Der Reihenschwingkreis

In einem weiteren Beispiel sollen die komplexen Spannungs- und Stromamplituden und die Impedanz eines mit sinusförmiger Spannung gespeisten Reihenschwingkreises berechnet werden, dessen Schaltung in Abb. 10.10 dargestellt ist.

Die Generatorspannung habe die komplexe Amplitude U und die Kreisfrequenz ω. Es gilt dann für I

$$\frac{U}{I} = Z . \tag{10.33}$$

Dabei ist Z die Gesamtimpedanz des Schwingkreises, die wegen der Reihenschaltung gleich der Summe der Einzelimpedanzen ist:

$$Z = Z_R + Z_L + Z_C .$$

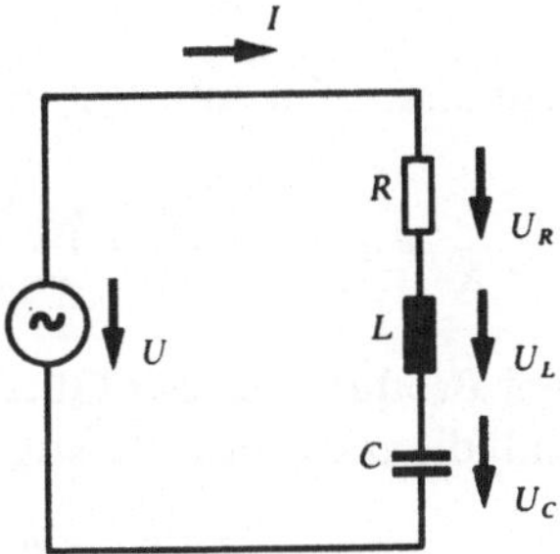

Abb. 10.10 Reihenschwingkreis an Wechselspannungsquelle

Mit den Werten für die Impedanzen von R, L und C ergibt sich daraus

$$Z = R + j\omega L + \frac{1}{j\omega C}. \tag{10.50}$$

Wir untersuchen nun die Frequenzabhängigkeit der Impedanz etwas genauer. Der Imaginärteil von Z verschwindet bei der Kreisfrequenz $\omega = \omega_0$, die wir aus der Bedingung

$$j\omega_0 L + \frac{1}{j\omega_0 C} = 0$$

erhalten. Die beiden Werte

$$\omega_0 = \pm \frac{1}{\sqrt{LC}} \tag{10.52}$$

werden als Resonanzfrequenzen des Schwingkreises bezeichnet. Bei diesen Kreisfrequenzen sind die Impedanzen Z_L und Z_C entgegengesetzt gleich, so daß der Schwingkreis wie ein ohmscher Widerstand wirkt. Gewöhnlich nennt man nur den positiven Wert. Setzt man diesen in (10.50) ein, so ergibt sich die Impedanz des Reihenschwingkreises in der Form

$$Z = R\left[1 + j\frac{\omega_0 L}{R}\left(\frac{\omega}{\omega_0} - \frac{\omega_0}{\omega}\right)\right]. \tag{10.53}$$

Das Verhältnis

$$\frac{R}{\omega_0 L} = R\sqrt{\frac{C}{L}} = d \tag{10.54}$$

bezeichnet man als die „Dämpfung“ d des Schwingkreises, seinen Kehrwert als die „Güte“ $Q = 1/d$.

Den Klammerausdruck

$$\frac{\omega}{\omega_0} - \frac{\omega_0}{\omega} = v$$

nennt man die Verstimmung v. Die auf R normierte Impedanz

$$\frac{Z}{R} = 1 + \mathrm{j}Q\left(\frac{\omega}{\omega_0} - \frac{\omega_0}{\omega}\right) \tag{10.55}$$

hängt also nur von dem Produkt aus der Güte Q und der Verstimmung v ab. Führt man deshalb die normierte Verstimmung Ω

$$\Omega = vQ = \frac{1}{d}\left(\frac{\omega}{\omega_0} - \frac{\omega_0}{\omega}\right) \tag{10.56}$$

ein, so kann man die normierten Impedanzen beliebiger Reihenschwingkreise einheitlich in der Form

$$\frac{Z}{R} = 1 + \mathrm{j}\Omega \tag{10.57}$$

schreiben.

Wir wollen nun Z in der Form

$$Z = |Z|\mathrm{e}^{\mathrm{j}\varphi_z}$$

darstellen und finden unmittelbar aus (10.57) für $|Z|$ und φ_z:

$$|Z| = R\sqrt{1 + \Omega^2} \tag{10.58}$$

$$\tan\varphi_z = \Omega. \tag{10.59}$$

Der Verlauf von $|Z|$ ist in Abb. 10.11 in Abhängigkeit von Ω aufgetragen. Da nach Gleichung (10.56) die Zuordnungen

$$\begin{aligned} \omega &= 0 &&\rightarrow & \Omega &= -\infty \\ \omega &= \omega_0 &&\rightarrow & \Omega &= 0 \\ \omega &= \infty &&\rightarrow & \Omega &= +\infty \end{aligned}$$

gelten, wächst φ_z von $-\pi/2$ bei $\omega = 0$ auf $+\pi/2$ bei $\omega = \infty$. Wir interessieren uns nun für den Bereich in der Umgebung der Resonanzfrequenz, in dem der Phasenwinkel die Hälfte des gesamtem Bereiches, also das Intervall

$$-\frac{\pi}{4} \leq \varphi_z \leq \frac{\pi}{4}$$

durchläuft. Nach Gleichung (10.59) ist das der Bereich der normierten Verstimmung

$$-1 \leq \Omega \leq +1 .$$

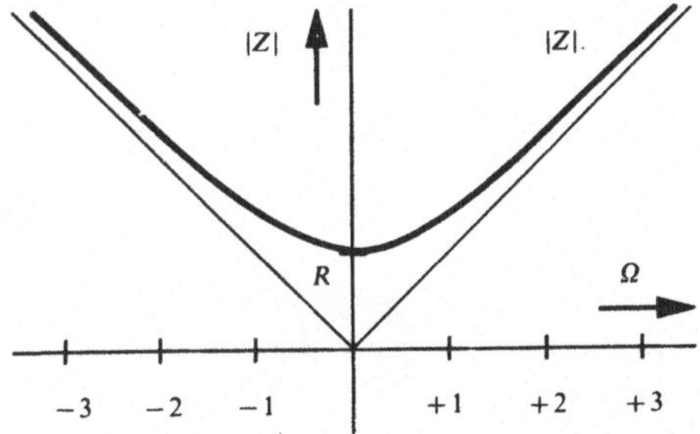

Abb. 10.11 Betrag der Impedanz eines Reihenschwingkreises

Innerhalb dieses Bereiches ist der Realteil der Impedanz größer als der Betrag des Imaginärteils; außerhalb des Bereiches ist es umgekehrt. An den Grenzen $\Omega = \pm 1$ beträgt $|Z|$ nach Gleichung (10.58)

$$|Z| = R\sqrt{2},$$

d.h., $|Z|$ ist auf das $\sqrt{2}$-fache des Wertes bei der Resonanzfrequenz ω_0 angewachsen, und $|I|$ ist auf den $\sqrt{2}$-ten Teil des entsprechenden Wertes bei der Resonanzfrequenz abgesunken. Die zu den Werten $\Omega = \pm 1$ gehörenden Kreisfrequenzen bezeichnet man als die Grenzfrequenzen ω_+ und ω_-. Wir bestimmen sie aus (10.54) und (10.56) und erhalten für $\Omega = +1$

$$\omega_+ L - \frac{1}{\omega_+ C} = R \tag{10.60}$$

und für $\Omega = -1$

$$\omega_- L - \frac{1}{\omega_- C} = -R. \tag{10.61}$$

Diese zwei quadratischen Gleichungen haben die Lösungen

$$\omega_{+1,2} = +\frac{R}{2L} \pm \sqrt{\frac{1}{LC} + \left(\frac{R}{2L}\right)^2}$$

und

$$\omega_{-1,2} = -\frac{R}{2L} \pm \sqrt{\frac{1}{LC} + \left(\frac{R}{2L}\right)^2}.$$

Davon sollen die positiven Werte den Index 1 und die negativen den Index 2 erhalten. Es wird dann

$$\omega_{+1} = -\omega_{-2} = \frac{R}{2L} + \sqrt{\frac{1}{LC} + \left(\frac{R}{2L}\right)^2}$$

und

$$\omega_{-1} = -\omega_{+2} = -\frac{R}{2L} + \sqrt{\frac{1}{LC} + \left(\frac{R}{2L}\right)^2}.$$

Das Produkt der beiden Lösungen

$$\omega_{+1} \cdot \omega_{-1} = \frac{1}{LC} = \omega_0^2 \tag{10.63}$$

hängt nur von L und C ab, während die Differenz

$$\omega_{+1} - \omega_{-1} = \frac{R}{L} \tag{10.64}$$

durch R und L festgelegt ist. Den Abstand der beiden Grenzfrequenzen bezeichnet man als die Bandbreite des Schwingkreises.

Die Gleichungen (10.55), (10.63) und (10.64) zeigen, daß die Größen R, L und C des Schwingkreises eindeutig bestimmt sind, wenn die Resonanzfrequenz, die Impedanz bei der Resonanzfrequenz und die Bandbreite des Schwingkreises gegeben sind.

Wir berechnen nun die komplexen Spannungsamplituden U_R, U_L und U_C. Für die Spannung U_R am Widerstand erhalten wir wegen

$$U_R = I R = U \frac{R}{Z}$$

$$\frac{U_R}{U} = \frac{R}{Z} = \frac{1}{1 + \frac{\mathrm{j}}{d}\left(\frac{\omega}{\omega_0} - \frac{\omega_0}{\omega}\right)} = \frac{1}{1 + \mathrm{j}\Omega}$$

$$\frac{|U_R|}{|U|} = \frac{1}{\sqrt{1+\Omega^2}} = \frac{d}{\sqrt{d^2 + \left(\frac{\omega}{\omega_0} - \frac{\omega_0}{\omega}\right)^2}} \tag{10.65}$$

$$\sphericalangle \frac{U_R}{U} = \varphi_R = \arctan(-\Omega) = -\arctan\Omega. \tag{10.66}$$

Entsprechend finden wir für die Spannung U_L an der Spule

$$U_L = \mathrm{j}\omega L I = \frac{\mathrm{j}\omega L}{Z} U$$

oder

$$\frac{U_L}{U} = \frac{\mathrm{j}\omega L}{Z} = \frac{\mathrm{j}\frac{\omega}{\omega_0}}{d + \mathrm{j}\left(\frac{\omega}{\omega_0} - \frac{\omega_0}{\omega}\right)} = \frac{\mathrm{j}\frac{\omega}{\omega_0}}{d(1 + \mathrm{j}\Omega)}$$

$$\left|\frac{U_L}{U}\right| = \frac{\frac{\omega}{\omega_0}}{\sqrt{d^2 + \left(\frac{\omega}{\omega_0} - \frac{\omega_0}{\omega}\right)^2}} \tag{10.67}$$

$$\sphericalangle \frac{U_L}{U} = \varphi_L = \frac{\pi}{2} - \arctan\Omega \tag{10.68}$$

und für die Spannung U_C am Kondensator

$$U_C = \frac{1}{\mathrm{j}\omega C} I = \frac{1}{\mathrm{j}\omega C Z} U$$

oder

$$\frac{U_C}{U}=\frac{I}{\mathrm{j}\omega C U}=\frac{1}{\mathrm{j}\omega C Z}=\frac{-\mathrm{j}\dfrac{\omega_0}{\omega}}{d+\mathrm{j}\left(\dfrac{\omega}{\omega_0}-\dfrac{\omega_0}{\omega}\right)}=\frac{-\mathrm{j}\dfrac{\omega_0}{\omega}}{d(1+\mathrm{j}\Omega)}$$

$$\left|\frac{U_C}{U}\right|=\frac{\dfrac{\omega_0}{\omega}}{\sqrt{d^2+\left(\dfrac{\omega}{\omega_0}-\dfrac{\omega_0}{\omega}\right)^2}} \tag{10.69}$$

$$\sphericalangle\frac{U_C}{U}=\varphi_C=-\frac{\pi}{2}-\arctan\Omega . \tag{10.70}$$

Die Beträge der komplexen Amplituden U_R, U_L und U_C sind in Abb. 10.12 in Abhängigkeit von ω/ω_0 aufgetragen, und zwar für eine Güte $Q=1/d=5/3$.

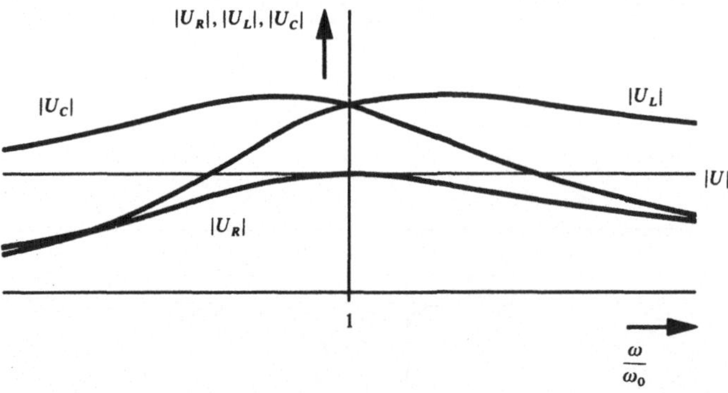

Abb. 10.12 Resonanzkurven der Spannungen an den Elementen eines Reihenschwingkreises

Wenn die Güte Q des Schwingkreises groß ist, werden die Beträge von U_L und U_C in der Nähe der Resonanzfrequenz wesentlich größer als der Betrag der Gesamtspannung U.

Bei der Resonanzfrequenz gilt nach Gl. (10.67) und (10.69)

$$\left|\frac{U_L}{U}\right| = \left|\frac{U_C}{U}\right| = \frac{1}{d} = Q.$$

Aus den Gleichungen (10.65), (10.67) und (10.69) können wir auch das Verhalten der drei Spannungen bei kleinen und großen Werten der Kreisfrequenz ablesen. Die Ergebnisse sind in der folgenden Tabelle zusammengestellt:

Tabelle 1

	$\omega \ll \omega_0$	$\omega = \omega_0$	$\omega \gg \omega_0$
$\left\|\frac{U_L}{U}\right\|$	$\left(\frac{\omega}{\omega_0}\right)^2$	$\frac{1}{d}$	1
$\left\|\frac{U_R}{U}\right\|$	$d\,\frac{\omega}{\omega_0}$	1	$d\,\frac{\omega_0}{\omega}$
$\left\|\frac{U_C}{U}\right\|$	1	$\frac{1}{d}$	$\left(\frac{\omega_0}{\omega}\right)^2$

10.6 Zeigerdarstellung komplexer Größen

Bekanntlich kann jeder komplexen Zahl ein Punkt der Gaußschen Zahlenebene zugeordnet werden. Es liegt deshalb nahe, auch die komplexen Spannungs- und Stromamplituden und die Impedanzen in der Gaußschen Zahlenebene darzustellen. Dazu muß man natürlich einen Maßstab für die Darstellung vereinbaren, z.B.

$$1\,\text{cm} \mathrel{\hat{=}} 100\,\Omega\,.$$

Der Impedanz $Z = R + \mathrm{j}X = 250\,\Omega + \mathrm{j}\,150\,\Omega$ entspricht dann in der Ebene der komplexen Zahlen ein Punkt mit dem Realteil 2,5 cm und dem Imaginärteil 1,5 cm. (Abb. 10.13).

Zeichnet man einen Pfeil vom Koordinatenursprung zum Punkt Z, dann erhält man einen Zeiger, der mit der positiv reellen Achse den

Winkel φ bildet und dessen Länge den Betrag von Z darstellt, entsprechend der Schreibweise

$$Z = R + \mathrm{j}X = |Z|\,\mathrm{e}^{\mathrm{j}\varphi}.$$

Die Summe gleichartiger komplexer Größen wird einfach durch vektorielle Addition der entsprechenden Zeiger gebildet. So entsteht ein anschauliches Bild der komplexen Größen und ihrer Verknüpfungen, das man auch als Zeigerdiagramm bezeichnet.

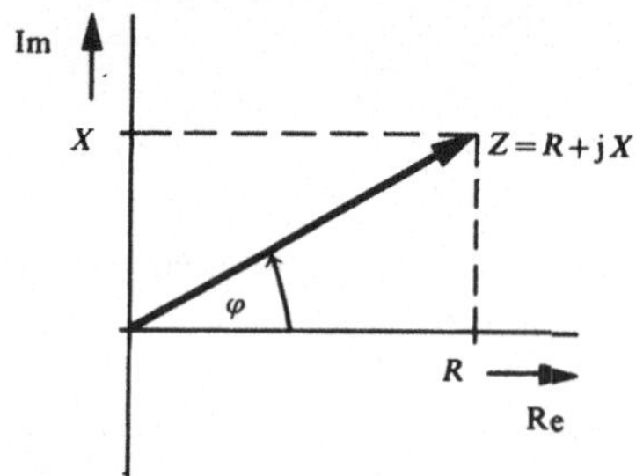

Abb. 10.13 Zeigerdarstellung einer komplexen Impedanz

Als Beispiel ist in Abb. 10.14 das Zeigerdiagramm der Impedanz

$$Z = R + \mathrm{j}\omega L + \frac{1}{\mathrm{j}\omega C} \tag{10.75}$$

eines Reihenschwingkreises dargestellt. Sie besteht aus einem reellen, einem positiv imaginären und einem negativ imaginären Summanden.

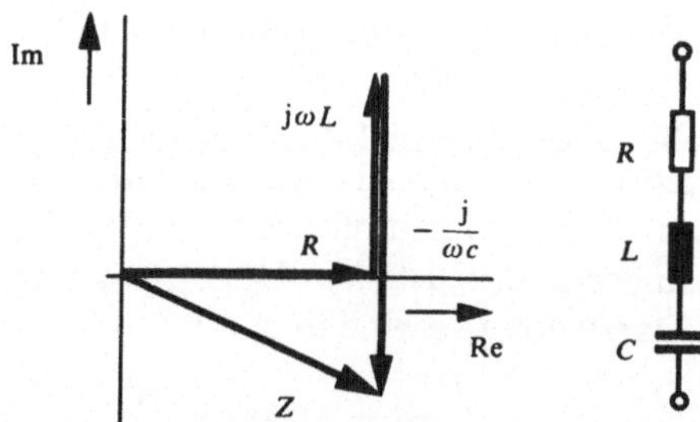

Abb. 10.14 Zeigerdiagramm der Impedanz eines Reihenschwingkreises

In dem betrachteten Fall ist der Zeiger $-\mathrm{j}/\omega C$ länger als der Zeiger $\mathrm{j}\omega L$, so daß die Gesamtimpedanz Z einen negativen Imaginärteil erhält. Das gleiche Diagramm, nur mit einem anderen Maßstab versehen, erhält man in Abb. 10.15 für die komplexen Spannungsamplituden

U_R, U_L, U_C und U desselben Reihenschwingkreises, wenn man sich den Zeiger I der komplexen Stromamplitude in die Richtung der reellen Achse gelegt denkt; denn es ist

$$U = U_R + U_L + U_C \tag{10.76}$$

mit

$$U_R = RI, \quad U_L = \mathrm{j}\omega LI, \quad U_C = \frac{1}{\mathrm{j}\omega C} I.$$

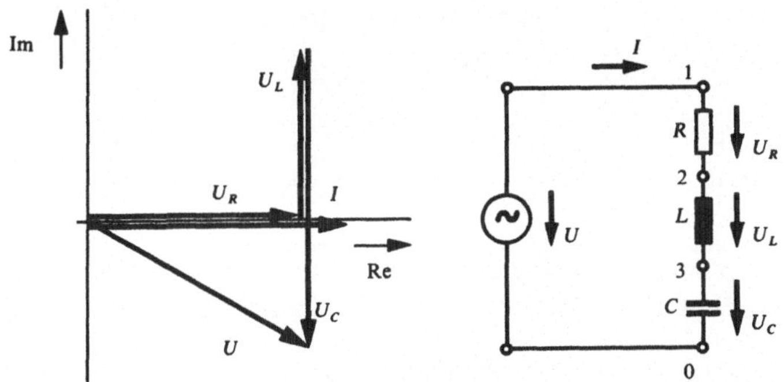

Abb. 10.15 Zeigerdiagramm der Spannungen in einem Reihenschwingkreis

Für den Winkel zwischen den Zeigern von U und I gilt, wie wir unmittelbar aus dem Zeigerdiagramm ablesen können:

$$\varphi_u - \varphi_i = \arctan \frac{\omega L - \dfrac{1}{\omega C}}{R}.$$

Weiterhin finden wir

$$|U| = \sqrt{|U_R|^2 + |U_L + U_C|^2} = |I| \sqrt{R^2 + \left(\omega L - \frac{1}{\omega C}\right)^2}.$$

Beide Ergebnisse stimmen mit den in Abschnitt 10.5 ermittelten Werten überein.

Wir haben die einzelnen Spannungszeiger in Abb. 10.15 in der Reihenfolge addiert, in der sie in Gleichung (10.76) und in der Schaltung von Abb. (10.15) erscheinen. Nun ist aber in einer Summe die Reihenfolge der Summanden beliebig. Wir dürften die Spannungszeiger deshalb auch so aneinanderfügen, wie es in Abb. 10.16 dargestellt ist. Es ist aber oft zweckmäßig, die Zeiger entsprechend der Anordnung der Schaltelemente aneinanderzusetzen, weil man dann aus dem Zeigerdiagramm

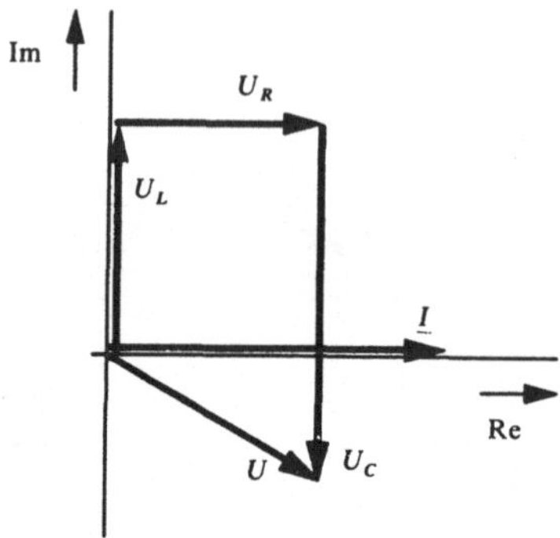

Abb. 10.16 Addition der Spannungen in einem Reihenschwingkreis

auch Teilspannungen entnehmen kann, d.h. Spannungen zwischen bestimmten Punkten der Schaltung, z.B. die Spannung

$$U_{13} = U_R + U_L$$

zwischen den Schaltpunkten 1 und 3 oder die Spannung

$$U_{20} = U_L + U_C$$

zwischen den Punkten 2 und 0.

Alle Überlegungen dieses Abschnittes gelten natürlich auch für Zeigerdiagramme, die beliebige komplexe Größen und aus ihnen gebildete Summen darstellen, z.B. die Zeigerdiagramme der komplexen Stromamplituden I_ν oder Admittanzen Y_ν von Parallelschaltungen. Die Bedeutung der Zeigerdiagramme liegt vor allem darin, daß sie als „Überlegungshilfe" einen schnellen Überblick über die Verhältnisse in einfacheren Wechselstromschaltungen gestatten. Sie sind auch dazu geeignet, Aufgaben innerhalb der zeichnerischen Genauigkeit zu lösen, allerdings mit dem wesentlichen Nachteil, daß ein Zeigerdiagramm nur für feste Werte der Schaltelemente und der Frequenz gilt. Der letztgenannte Nachteil fällt in der Energietechnik nicht so stark ins Gewicht, weil hier gewöhnlich mit konstanter Frequenz gearbeitet wird.

10.7 Ortskurven

Im vorigen Abschnitt haben wir die komplexen Wechselstromgrößen einer gegebenen Schaltung durch Zeiger in der Gaußschen Zahlenebene dargestellt. Alle diese komplexen Größen sind abhängig von den Werten der Schaltelemente und von der Frequenz ω. Betrachtet man den Wert eines Schaltelementes oder die Frequenz als Veränderliche und läßt man diese Veränderliche alle Werte zwischen $-\infty$ und $+\infty$ durchlaufen, dann durchläuft die Spitze des Zeigers eine Kurve in der komplexen Ebene, die man als die Ortskurve der komplexen Größe in bezug auf die betreffende Veränderliche bezeichnet. Die Ortskurve ist durch ihre Form und eine Skala der gegebenen Veränderlichen gekennzeichnet.

Ist die Veränderliche der Wert eines Schaltelementes, so muß die Ortskurve ein Kreis oder eine Gerade sein. Denn in einem linearen Netz sind alle Spannungs- und Stromamplituden, Impedanzen und Admittanzen lineare Transformationen der Werte der Schaltelemente. Bei einer linearen Transformation werden aber Kreise (hierzu gehören die Geraden als Sonderfälle) wieder in Kreise abgebildet (siehe hierzu Laugwitz, D.: Ingenieurmathematik V, BI Hochschultaschenbücher Bd. 93).

Am häufigsten benutzt man Ortskurven, um die Abhängigkeit einer komplexen Größe von der Frequenz ω darzustellen. Eine solche Größe kann das Verhältnis der komplexen Spannungs- oder Stromamplituden an zwei verschiedenen Klemmenpaaren einer Schaltung sein (z.B. Eingang und Ausgang eines Verstärkers), oder auch das Verhältnis von Spannungs- und Stromamplitude an einem Klemmenpaar, also eine Impedanz

$$Z(\omega) = R(\omega) + \mathrm{j}X(\omega). \qquad (10.80)$$

Wenn die als Ortskurve dargestellte Funktion von ω die Eigenschaften einer Schaltung beschreibt, die aus einer endlichen Anzahl von RLC-Elementen aufgebaut ist, dann muß sie eine rationale Funktion von $\mathrm{j}\omega$ sein. Ihr Grad kann nicht höher sein, als die Gesamtanzahl der Spulen und Kondensatoren; denn jedes dieser Elemente kann nur in der Form $\mathrm{j}\omega L_\nu$ bzw. $\mathrm{j}\omega C_\nu$ in die Funktion eingehen. Da alle L_ν und C_ν reell sind, kann ein Beitrag zum Realteil nur aus geradzahligen, ein Beitrag zum Imaginärteil nur aus ungeradzahligen Potenzen von $\mathrm{j}\omega$ entstehen. Der Realteil ist also eine gerade, der Imaginärteil eine ungerade Funktion von $\mathrm{j}\omega$

$$R(\omega) = R(-\omega) \qquad X(\omega) = -X(-\omega).$$

Die Äste einer Ortskurve verlaufen für positive und negative ω spiegelsymmetrisch zur reellen Achse. Es genügt deshalb, den Bereich $\omega \geq 0$ darzustellen. Ortskurvenpunkte für $\omega = 0$ und $\omega = \infty$ müssen auf der reellen Achse liegen; eingeschlossen ist dabei der unendlich ferne Punkt, der ja gemeinsamer Punkt der reellen und imaginären

Achse ist. Da für einen endlichen reellen Wert bei $\omega=0$ die Taylorentwicklung in der Form $a_0+a_\nu(\mathrm{j}\omega)^\nu$ beginnen muß und Entsprechendes für $\mathrm{j}\omega=\infty$ gilt, muß die Ortskurve für $\omega=0$ und $\omega=\infty$ die reelle Achse entweder senkrecht schneiden oder berühren.

Wir betrachten nun einige einfache Beispiele und beschränken uns zunächst auf Ortskurven der Impedanz und Admittanz von Serien- oder Parallelschaltungen aus den Elementen R, L, C.

Wir beginnen mit der Reihenschaltung eines Widerstandes und einer Spule nach Abb. 10.20. Die Impedanz dieser Schaltung ist

$$Z=R+\mathrm{j}\omega L\,. \tag{10.81}$$

Durchläuft die Kreisfrequenz ω alle Werte von $-\infty$ bis $+\infty$, dann ändert sich der Imaginärteil von Z ebenfalls von $-\infty$ bis $+\infty$, während der Realteil konstant bleibt. Die Ortskurve der Impedanz ist also eine Parallele zur imaginären Achse im Abstand R. Sie ist in Abb. 10.20 für $\omega\geq 0$ dargestellt.

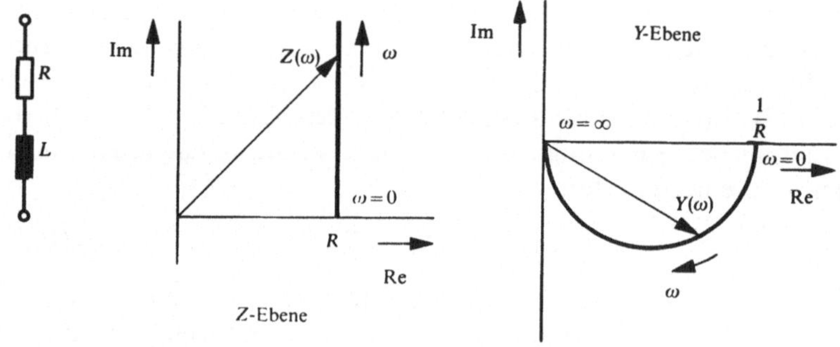

Abb. 10.20 Ortskurven der Impedanz und Admittanz für die Reihenschaltung von Widerstand und Spule

In unserem Beispiel wächst der Imaginärteil $\mathrm{j}\omega L$ proportional zu ω; die Ortskurve trägt also eine linear geteilte Frequenzskala.

Als nächstes Beispiel betrachten wir die Ortskurve der Impedanz einer Reihenschaltung nach Abb. 10.21. Hier wird

$$Z = R + \frac{1}{j\omega C}.$$

Die Ortskurve ist ebenfalls eine Parallele zur imaginären Achse im Abstand R. Der Imaginärteil von Z ist aber für $\omega > 0$ negativ und wächst proportional zu $1/\omega$ (Abb. 10.21).

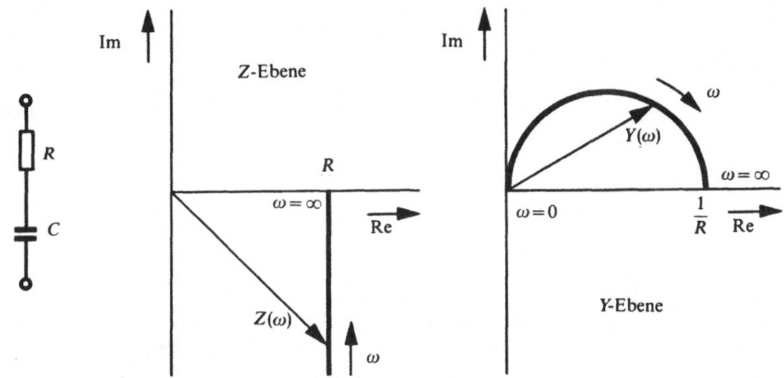

Abb. 10.21 Ortskurven der Impedanz und Admittanz für die Reihenschaltung von Widerstand und Kondensator

Auch die Ortskurve der Impedanz eines Reihenschwingkreises nach Abb. 10.22

$$Z = R + j\left(\omega L - \frac{1}{\omega C}\right) \tag{10.84}$$

ist eine Parallele zur imaginären Achse im Abstand R. Sie stimmt für sehr kleine ω, bei denen der Blindwiderstand des Kondensators überwiegt, mit der Ortskurve von Abb. 10.21 überein. Für große ω, bei denen der Blindwiderstand der Spule überwiegt, stimmt sie mit der Ortskurve von Abb. 10.20 überein. Bei der Resonanzfrequenz

$$\omega = \omega_0 = 1/\sqrt{LC}$$

wechselt der Imaginärteil das Vorzeichen. Die Skala der Veränderlichen ω ist hier nicht linear geteilt, sondern muß punktweise aus Gleichung (10.84) bestimmt werden. Die Ortskurve durchläuft bereits für positive ω alle Werte von $R - j\infty$ bis $R + j\infty$. Wenn sich ω von $-\infty$ bis $+\infty$ ändert, werden diese Werte also zweimal durchlaufen.

Nun betrachten wir die Ortskurven der Admittanzen der drei eben behandelten Schaltungen. Sie gehen aus den Impedanz-Ortskurven durch die lineare Abbildung

$$Y = \frac{1}{Z}$$

hervor, müssen also Kreise sein, weil die Ortskurven der Impedanzen Geraden waren. Es bleibt lediglich die Aufgabe, jeweils die Lage des Kreises und die Frequenzskala zu bestimmen. Wir benutzen hierzu die Darstellung

$$Z = |Z| e^{j\varphi},$$

aus der

$$Y = \frac{1}{|Z|} e^{-j\varphi} \tag{10.86}$$

folgt, und betrachten einige ausgezeichnete Punkte der Impedanz-Ortskurven aus Abb. 10.20 bis 10.22.

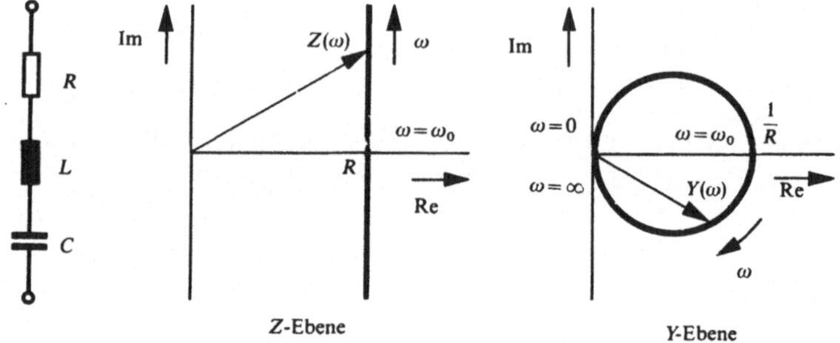

Abb. 10.22 Impedanz- und Admittanz-Ortskurve eines Reihenschwingkreises

Der Punkt, in dem die Ortskurve in der Z-Ebene die reelle Achse schneidet, liegt auch in der Y-Ebene auf der reellen Achse. Da er in der Z-Ebene der Punkt mit dem kleinsten Betrag von Z ist, muß er wegen Gleichung (10.86) in der Y-Ebene der Punkt mit dem größten Betrag sein. Der unendlich ferne Punkt der Z-Ebene wird in den Nullpunkt der Y-Ebene abgebildet. In beiden Punkten steht die Tangente der Ortskurve senkrecht auf der reellen Achse. Daraus folgt, daß die ermittelten Kreispunkte Durchmesserpunkte sind. Damit liegt die Ortskurve der Admittanz Y fest, die in den Abbildungen 10.20 bis 10.22 zusammen mit der Ortskurve der Impedanz eingezeichnet ist. Die Skala für ω ergibt sich aus der Überlegung, daß der Winkel von $Y(\omega)$ entgegengesetzt gleich dem von $Z(\omega)$ ist.

Wir untersuchen nun die Ortskurven der Admittanzen von Parallelschaltungen und betrachten als Beispiele die Ortskurven der Schaltungen aus Abb. 10.23 bis Abb. 10.25. Für die erste Schaltung gilt

$$Y = G + j\omega C,$$

für die zweite

$$Y = G + \frac{1}{j\omega L}$$

und für den Parallelschwingkreis

$$Y = G + j\left(\omega C - \frac{1}{\omega L}\right).$$

Bei diesen Schaltungen sind die Admittanz-Ortskurven Parallelen zur imaginären Achse und die Impedanz-Ortskurven Kreise. Die Ortskurven stimmen mit denen aus Abb. 10.20 bis 10.22 überein, wenn man jeweils Spule gegen Kondensator, Reihenschaltung gegen Parallelschaltung und Impedanz gegen Admittanz austauscht. Wir fassen die Ergebnisse zusammen: Die Ortskurven der Impedanzen $Z(\omega)$ und Admittanzen $Y(\omega)$ von Reihen- oder Parallelschaltungen sind Kreise oder Geraden als Grenzfall des Kreises.

Bei beliebig aufgebauten Zweipolen sind die Ortskurven von $Z(\omega)$ und $Y(\omega)$ im allgemeinen keine Kreise. Als Beispiel hierfür ermitteln wir die Impedanz-Ortskurve der Reihenschaltung zweier Parallelschaltungen aus Abb. 10.26. Es gilt

$$Z(\omega) = Z_1(\omega) + Z_2(\omega), \tag{10.88}$$

dabei ist

$$Z_1(\omega) = \frac{1}{\dfrac{1}{R_1} + j\omega C_1} = \frac{R_1}{1 + j\omega C_1 R_1}$$

die Impedanz der ersten Parallelschaltung und

$$Z_2(\omega) = \frac{1}{\dfrac{1}{R_2} + j\omega C_2} = \frac{R_2}{1 + j\omega C_2 R_2}$$

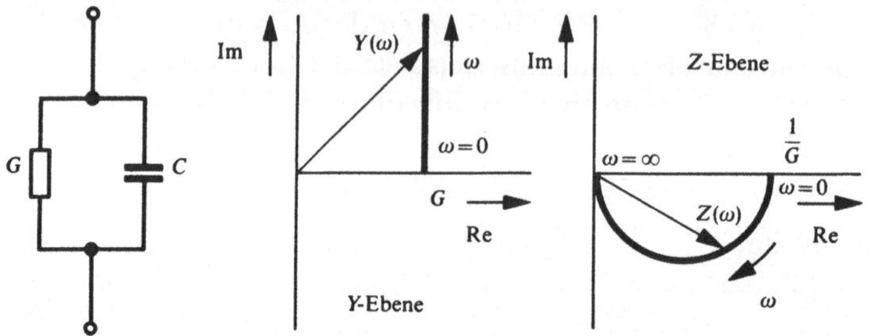

Abb. 10.23 Ortskurven der Admittanz und Impedanz für die Parallelschaltung von Widerstand und Kondensator

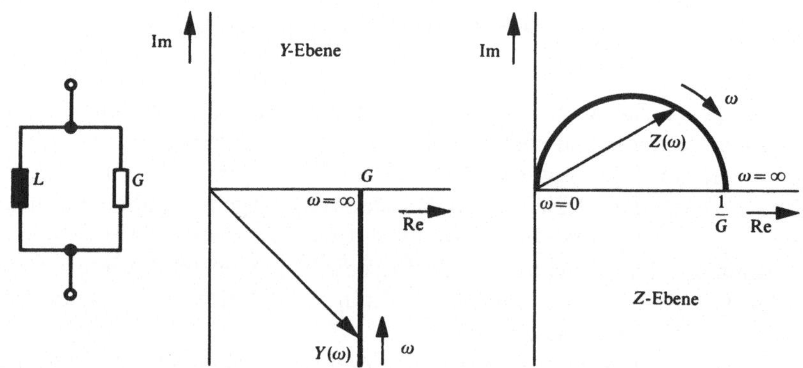

Abb. 10.24 Ortskurven der Admittanz und Impedanz für die Parallelschaltung von Widerstand und Spule

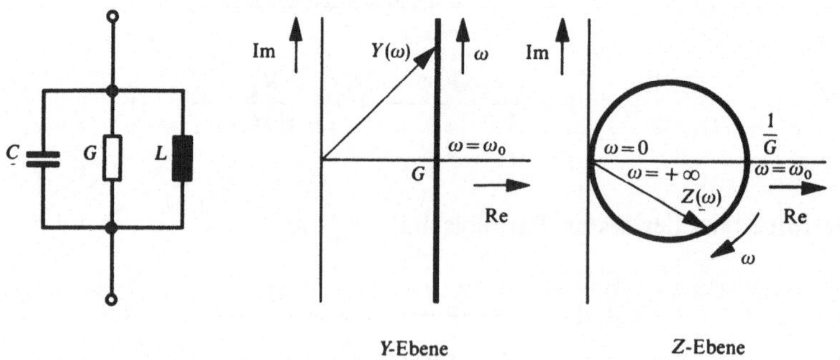

Abb. 10.25 Admittanz- und Impedanz-Ortskurve eines Parallelschwingkreises

die Impedanz der zweiten Parallelschaltung. Die Ortskurven von $Z_1(\omega)$ und $Z_2(\omega)$ kennen wir schon, es sind für positive ω Halbkreise mit den Durchmessern R_1 und R_2. Um die Ortskurve von Z zu erhalten, brauchen wir nur für eine genügende Anzahl von Frequenzpunkten die entsprechenden Werte von Z_1 und Z_2 zu addieren. In Abb. 10.26 ist die Ortskurve von $Z(\omega)$ für verschiedene Verhältnisse der Zeitkonstanten $C_1 R_1$ und $C_2 R_2$ dargestellt.

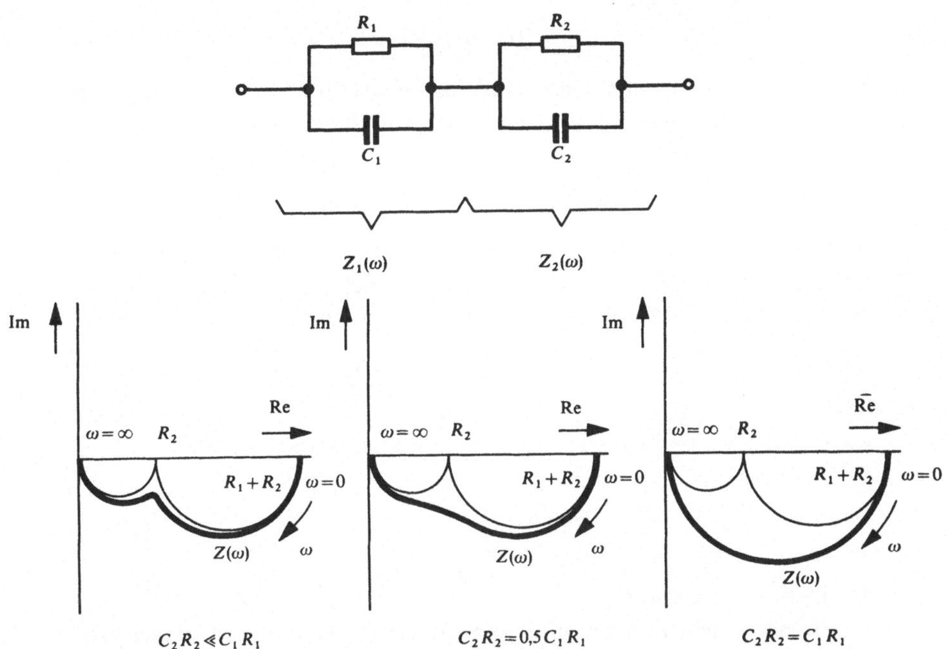

Abb. 10.26 Ortskurve der Reihenschaltung zweier RC-Glieder

Die punktweise Addition ist oft mühsam. In komplizierteren Fällen, in denen man nicht wie hier die Ortskurve aus geometrisch einfachen Ortskurven zusammensetzen kann, bleibt nur der Ausweg, den entsprechenden analytischen Ausdruck für eine genügende Anzahl von Frequenzpunkten nach Real- und Imaginärteil auszurechnen.

10.8 Die elektrische Leistung bei zeitlich veränderlichen Größen

Im Abschnitt 2.5 haben wir für die in einem stationären elektrischen Strömungsfeld umgesetzte Leistung P den Ausdruck

$$P = u \cdot i$$

gefunden. Wenn u und i zeitabhängig sind, wird auch die Leistung eine zeitabhängige Größe:

$$P(t) = u(t) \cdot i(t) . \tag{10.90}$$

Wichtiger als diese augenblickliche Leistung ist ihr Mittelwert über einen endlichen Zeitabschnitt von t_1 bis t_2, der durch die Gleichung

$$P(t_1, t_2) = \frac{1}{t_2 - t_1} \int_{t_1}^{t_2} P(t) \mathrm{d}t \tag{10.91}$$

definiert ist. Dieser Mittelwert hängt natürlich von t_1 und t_2 ab. Ein zeitunabhängiger Mittelwert ergibt sich, wenn man

$$t_1 = -\frac{T}{2} \qquad t_2 = \frac{T}{2}$$

setzt und den Grenzwert für $T \to \infty$ bildet. Man bezeichnet diesen Grenzwert

$$P = \lim_{T \to \infty} \frac{1}{T} \int_{-T/2}^{+T/2} P(t) \mathrm{d}t \tag{10.92}$$

als die mittlere Leistung.

Wir berechnen nun die in einem ohmschen Widerstand umgesetzte mittlere Leistung. Die augenblickliche Leistung ist nach Gleichung (10.90)

$$P(t) = u(t) \cdot i(t) = R \cdot i^2(t) = \frac{u^2(t)}{R},$$

und die mittlere Leistung P wird nach Gleichung (10.92)

$$P = \lim_{T \to \infty} \frac{1}{T} \int_{-T/2}^{T/2} R\, i^2(t) \mathrm{d}t = \lim_{T \to \infty} \frac{1}{T} \int_{-T/2}^{T/2} \frac{u^2(t)}{R} \mathrm{d}t$$

oder, da R bzw. $1/R$ als konstante Faktoren vor den Grenzwert gesetzt werden können:

$$P=R\cdot\lim_{T\to\infty}\frac{1}{T}\int_{-T/2}^{T/2} i^2(t)\,\mathrm{d}t=\frac{1}{R}\cdot\lim_{T\to\infty}\frac{1}{T}\int_{-T/2}^{T/2} u^2(t)\,\mathrm{d}t\,.$$

Die in diesen Gleichungen auftretenden quadratischen Mittelwerte von $i(t)$ bzw. $u(t)$ bezeichnet man als die Quadrate des effektiven Stromes bzw. der effektiven Spannung. Man gibt diesen Effektivwerten die Formelzeichen i_{eff} oder $\tilde{i}$ bzw. u_{eff} oder $\tilde{u}$, definiert also

$$i_{\mathrm{eff}}^2=\tilde{i}^2=\lim_{T\to\infty}\frac{1}{T}\int_{-T/2}^{T/2} i^2(t)\,\mathrm{d}t\,, \tag{10.93}$$

$$u_{\mathrm{eff}}^2=\tilde{u}^2=\lim_{T\to\infty}\frac{1}{T}\int_{-T/2}^{T/2} u^2(t)\,\mathrm{d}t\,. \tag{10.94}$$

Damit ergibt sich für die mittlere Leistung in einem Widerstand

$$P=R\,i_{\mathrm{eff}}^2=\frac{1}{R}\,u_{\mathrm{eff}}^2\,. \tag{10.95}$$

Die letzte Gleichung stimmt formal mit der Gleichung für den Leistungsumsatz $P=R\,i^2=u^2/R$ in einem gleichstromdurchflossenen Widerstand überein. Ein Gleichstrom mit der Stärke i_{eff} erzeugt also dieselbe mittlere Wärmewirkung (Effekt) wie der Strom $i(t)$. Entsprechendes gilt für u_{eff}.

10.9 Die elektrische Leistung bei sinusförmigen Spannungen und Strömen

Bei Strömen und Spannungen mit sinusförmiger Zeitabhängigkeit

$$i(t)=\hat{i}\cos(\omega t+\varphi_i)$$

$$u(t)=\hat{u}\cos(\omega t+\varphi_u)$$

beträgt die momentane Leistung $P(t)$:

$$\begin{aligned} P(t) &= u(t)\cdot i(t) = \hat{u}\,\hat{i}\cos(\omega t+\varphi_u)\cos(\omega t+\varphi_i) \\ &= \frac{\hat{u}\,\hat{i}}{2}\left[\cos(2\omega t+\varphi_u+\varphi_i)+\cos(\varphi_u-\varphi_i)\right]. \end{aligned} \tag{10.110}$$

Die Größe $P(t)$ pulsiert also mit der doppelten Frequenz. Zur Berechnung der mittleren Leistung P nach Gleichung (10.92) genügt es, über die Dauer einer Periode $T=2\pi/\omega$ zu integrieren:

$$\begin{aligned} P &= \frac{\hat{u}\,\hat{i}}{2T}\int_0^T \left[\cos(2\omega t+\varphi_u+\varphi_i)+\cos(\varphi_u-\varphi_i)\right]\mathrm{d}t \\ &= \frac{\hat{u}\,\hat{i}}{2T}\left[\frac{1}{2\omega}\sin(2\omega t+\varphi_u+\varphi_i)+t\cos(\varphi_u-\varphi_i)\right]_0^T . \end{aligned}$$

Der erste Summand ergibt nach Einsetzen der Grenzen den Wert null, so daß wir für P die Größe

$$P = \frac{\hat{u}\,\hat{i}}{2}\cos(\varphi_u-\varphi_i) \tag{10.111}$$

erhalten. Die mittlere Leistung, die bei sinusförmigen Vorgängen auch Wirkleistung genannt wird, hängt demnach nicht nur von den Amplituden $\hat{u}$ und $\hat{i}$ ab, sondern auch von der Phasenverschiebung zwischen Spannung und Strom. Wir berechnen nun die mittlere Leistung P, die die Schaltelemente „Widerstand", „Spule" und „Kondensator" aufnehmen. Am ohmschen Widerstand sind Strom und Spannung in Phase, es ist also $\varphi_u=\varphi_i$ und demnach die aufgenommene mittlere Leistung

$$P = \frac{\hat{u}\,\hat{i}}{2}.$$

Mit

$$\hat{u} = R\,\hat{i}$$

erhalten wir schließlich

$$P = \frac{1}{2}\hat{i}^2 R = \frac{1}{2}\frac{\hat{u}^2}{R}. \tag{10.113}$$

Ein Vergleich mit (10.95) liefert

$$R\,i_{\mathrm{eff}}^2 = \frac{1}{2}R\,\hat{i}^2 ;$$

$$\frac{1}{R}u_{\mathrm{eff}}^2 = \frac{1}{2}\frac{\hat{u}^2}{R}.$$

Damit ergibt sich für den Effektivwert sinusförmiger Ströme oder Spannungen

$$i_{\text{eff}} = \frac{\hat{i}}{\sqrt{2}} \qquad u_{\text{eff}} = \frac{\hat{u}}{\sqrt{2}}. \tag{10.114}$$

An einer Spule eilt die Spannung dem Strom um den Winkel $\varphi_u - \varphi_i = \pi/2$ voraus, während am Kondensator die Spannung dem Strom um den Winkel $\pi/2$ nacheilt. In beiden Fällen wird die aufgenommene mittlere Leistung P wegen $\cos(\varphi_u - \varphi_i) = 0$ gleich null. Die momentane Leistung $P(t)$ wird nach Gleichung (10.110) mit $\varphi_i = \varphi_u \mp \pi/2$

$$\begin{aligned} P(t) &= \hat{u}\,\hat{i}\cos(\omega t + \varphi_u)\cos(\omega t + \varphi_u \mp \pi/2) \\ &= \pm\frac{\hat{u}\,\hat{i}}{2}\sin(2\omega t + 2\varphi_u) \end{aligned} \tag{10.115}$$

abwechselnd positiv und negativ, d.h., Spule und Kondensator nehmen zweimal in jeder Periode Energie auf und geben sie wieder ab. In Energieversorgungsnetzen ist ein solches Hin- und Herpendeln von Energie über weitere Entfernungen unerwünscht, weil dabei Leitungsverluste entstehen. Um die pendelnde Energie zu erfassen, hat man als Rechengröße die Blindleistung Q eingeführt und sie bei Spule und Kondensator durch die Amplitude der wechselnden Leistung nach Gleichung (10.115) definiert.

$$Q = \pm\frac{\hat{u}\,\hat{i}}{2} = \pm u_{\text{eff}} \cdot i_{\text{eff}}.$$

Um für beliebige Phasenverschiebungen zwischen Strom und Spannung die Blindleistung zu erhalten, muß man den Strom $i(t)$ nach dem Additionstheorem in einen mit der Spannung phasengleichen und einen um $\pi/2$ phasenverschobenen Anteil zerlegen:

$$\hat{i}\cos(\omega t + \varphi_i) = \hat{i}\left[\cos(\omega t + \varphi_u)\cos(\varphi_u - \varphi_i) + \sin(\omega t + \varphi_u)\sin(\varphi_u - \varphi_i)\right].$$

Die augenblickliche Leistung

$$\begin{aligned} P(t) = i(t)\cdot u(t) &= \hat{u}\,\hat{i}\left[\cos^2(\omega t + \varphi_u)\cos(\varphi_u - \varphi_i)\right. \\ &\qquad \left. + \sin(\omega t + \varphi_u)\cos(\omega t + \varphi_u)\sin(\varphi_u - \varphi_i)\right] \\ &= \hat{u}\,\hat{i}\left[\cos^2(\omega t + \varphi_u)\cos(\varphi_u - \varphi_i) + \tfrac{1}{2}\sin(2\omega t + 2\varphi_u)\right. \\ &\qquad \left. \cdot \sin(\varphi_u - \varphi_i)\right] \end{aligned}$$

setzt sich dann zusammen aus einem beständig positiven Summanden und einem Summanden mit dem Mittelwert null. Der Mittelwert des ersten ist die schon berechnete Wirkleistung

$$P = \frac{\hat{u}\,\hat{i}}{2}\cos(\varphi_u - \varphi_i) = u_{\text{eff}}\,i_{\text{eff}}\cos(\varphi_u - \varphi_i), \tag{11.111}$$

die Amplitude des zweiten die Blindleistung

$$Q = \frac{\hat{u}\,\hat{i}}{2}\sin(\varphi_u - \varphi_i) = u_{\text{eff}}\,i_{\text{eff}}\sin(\varphi_u - \varphi_i). \tag{10.118}$$

Das Vorzeichen von Q ist willkürlich dadurch festgelegt, daß man den Strom in zwei Summanden zerlegt und damit den Phasenwinkel der Spannung als Bezugsgröße betrachtet hat. Wäre man umgekehrt vorgegangen, so hätte sich die Blindleistung Q mit umgekehrtem Vorzeichen ergeben.

Mit der gebräuchlichen Definition (10.118) ergibt sich für die aufgenommene Blindleistung bei der Spule ein positiver und beim Kondensator ein negativer Wert.

Das Produkt

$$S = \frac{\hat{u}\,\hat{i}}{2} = u_{\text{eff}}\,i_{\text{eff}} \tag{10.119}$$

definiert man als Scheinleistung S. Sie stellt für viele elektrische Anlagen der Energietechnik eine charakteristische Größe dar, weil die Spannungsamplitude $\hat{u}$ durch die Isolation und die Stromamplitude $\hat{i}$ durch die zulässige Erwärmung begrenzt sind.

Zwischen mittlerer Leistung P, Blindleistung Q und Scheinleistung S besteht nach den Gleichungen (10.111), (10.118) und (10.119) die Beziehung

$$P^2 + Q^2 = S^2. \tag{10.120}$$

Alle Leistungsgrößen lassen sich auch durch die komplexen Amplituden ausdrücken. Für die augenblickliche Leistung ergibt sich mit den Bezeichnungen (10.19) und (10.21)

$$u(t) = \tfrac{1}{2}[U\,\mathrm{e}^{\mathrm{j}\omega t} + U^*\,\mathrm{e}^{-\mathrm{j}\omega t}]$$

$$i(t) = \tfrac{1}{2}[I\,\mathrm{e}^{\mathrm{j}\omega t} + I^*\,\mathrm{e}^{-\mathrm{j}\omega t}]$$

der Ausdruck

$$P(t) = u \cdot i = \tfrac{1}{4}[U\,I\,\mathrm{e}^{\mathrm{j}2\omega t} + U^*\,I^*\,\mathrm{e}^{-\mathrm{j}2\omega t} + U\,I^* + U^*\,I].$$

Die mittlere Leistung P ist

$$P = \frac{1}{T}\int_0^T \frac{1}{4}[U I e^{j2\omega t} + U^* I^* e^{-j2\omega t} + U I^* + U^* I] dt.$$

Es wird

$$P = \tfrac{1}{4}[U I^* + U^* I] = \tfrac{1}{2}\mathrm{Re}\{U I^*\} = \tfrac{1}{2}\mathrm{Re}\{U^* I\}, \qquad (10.121)$$

weil die periodischen Anteile bei der Mittelwertsbildung keinen Beitrag ergeben. Dasselbe Ergebnis erhalten wir auch unmittelbar aus Gleichung (10.111), weil

$$\cos(\varphi_u - \varphi_i) = \tfrac{1}{2}[e^{j(\varphi_u - \varphi_i)} + e^{-j(\varphi_u - \varphi_i)}]$$

ist und damit

$$P = \frac{\hat{u}\,\hat{i}}{2}\cos(\varphi_u - \varphi_i) = \tfrac{1}{4}[U I^* + U^* I]$$

wird. Entsprechend bestimmen wir die Blindleistung aus Gleichung (10.118). Es ist

$$Q = \frac{\hat{u}\,\hat{i}}{2}\sin(\varphi_u - \varphi_i) = \frac{\hat{u}\,\hat{i}}{4j}[e^{j(\varphi_u - \varphi_i)} - e^{-j(\varphi_u - \varphi_i)}]$$

oder

$$Q = \frac{1}{4j}[U I^* - U^* I] = \tfrac{1}{2}\mathrm{Im}\{U I^*\} = -\tfrac{1}{2}\mathrm{Im}\{U^* I\}. \qquad (10.122)$$

Die Summe aus P und jQ

$$P + jQ = \tfrac{1}{2} U I^* = \bar{S} \qquad (10.123)$$

ist eine bequeme Rechengröße und wird als komplexe Leistung $\bar{S}$ bezeichnet. Ihr Betrag ist gleich der in (10.119) definierten Scheinleistung S:

$$|\bar{S}| = \tfrac{1}{2}|U I^*| = \frac{\hat{u}\,\hat{i}}{2} = S. \qquad (10.124)$$

Wir wollen nun die mittlere Leistung für den Fall berechnen, daß Spannung und Strom aus mehreren sinusförmigen Anteilen mit verschiedenen Frequenzen zusammengesetzt sind. Es sei also

$$u(t) = \sum_{\nu=1}^{n} \hat{u}_\nu \cos(\omega_\nu t + \varphi_{u,\nu}) = \tfrac{1}{2}\sum_{\nu=1}^{n}(U_\nu e^{j\omega_\nu t} + U_\nu^* e^{-j\omega_\nu t})$$

und

$$i(t) = \sum_{\mu=1}^{m} \hat{i}_\mu \cos(\omega_\mu t + \varphi_{i,\mu}) = \tfrac{1}{2}\sum_{\mu=1}^{m}(I_\mu e^{j\omega_\mu t} + I_\mu^* e^{-j\omega_\mu t}).$$

Die mittlere Leistung P beträgt dann

$$P = \lim_{T \to \infty} \frac{1}{T} \int_{-T/2}^{+T/2} u(t) i(t) \mathrm{d}t$$

$$= \lim_{T \to \infty} \frac{1}{4T} \sum_{\nu=1}^{n} \sum_{\mu=1}^{m} \Big[U_\nu I_\mu \int_{-T/2}^{T/2} \mathrm{e}^{\mathrm{j}(\omega_\nu + \omega_\mu)t} \mathrm{d}t$$

$$+ U_\nu^* I_\mu^* \int_{-T/2}^{T/2} \mathrm{e}^{-\mathrm{j}(\omega_\nu + \omega_\mu)t} \mathrm{d}t$$

$$+ U_\nu I_\mu^* \int_{-T/2}^{T/2} \mathrm{e}^{\mathrm{j}(\omega_\nu - \omega_\mu)t} \mathrm{d}t$$

$$+ U_\nu^* I_\mu \int_{-T/2}^{+T/2} \mathrm{e}^{-\mathrm{j}(\omega_\nu - \omega_\mu)t} \mathrm{d}t \Big] .$$

Beim Grenzübergang ergeben nur die zeitunabhängigen Integranden einen Beitrag, also die Glieder mit dem Exponenten $\pm \mathrm{j}(\omega_\nu - \omega_\mu)t$ für den Fall $\nu = \mu$. Statt der Doppelsumme erhalten wir daher das einfache Ergebnis

$$P = \tfrac{1}{4} \sum_{\nu=1}^{n} [U_\nu I_\nu^* + U_\nu^* I_\nu] = \tfrac{1}{2} \mathrm{Re} \left\{ \sum_{\nu=1}^{n} U_\nu I_\nu^* \right\} . \tag{10.126}$$

Für $n = 1$ geht Gleichung (10.126) in die schon bekannte Leistungsbeziehung (10.121) für sinusförmige Ströme und Spannungen mit einer Frequenz über.

Ersetzen wir in Gleichung (10.126) die komplexen Amplituden durch ihre Beträge und Phasenwinkel, dann ergibt sich die Beziehung

$$P = \sum_{\nu=1}^{n} \tfrac{1}{2} \hat{u}_\nu \hat{i}_\nu \cos(\varphi_{u,\nu} - \varphi_{i,\nu}) , \tag{10.127}$$

die für nur eine Frequenz in die ebenfalls bekannte Gleichung (10.111) übergeht.

Zum Schluß wollen wir noch den Effektivwert eines Stromes oder einer Spannung berechnen, die aus sinusförmigen Anteilen verschiedener Frequenz zusammengesetzt sind. Dazu benutzen wir Gleichung (10.95)

$$P = R i_{\mathrm{eff}}^2 = \frac{u_{\mathrm{eff}}^2}{R} , \tag{10.95}$$

die den Leistungsumsatz P in einem ohmschen Widerstand mit dem Effektivwert von $u(t)$ bzw. $i(t)$ verknüpft. P selber können wir bei mehrwelligen Strömen nach Gleichung (10.127) einfach berechnen. Es gilt nämlich für die Nullphasenwinkel aller Teilspannungen und -ströme an den Klemmen eines ohmschen Widerstandes

$$\varphi_{u,\nu} = \varphi_{i,\nu}\,.$$

Die gesamte Wirkleistung P beträgt dann nach (10.127)

$$P = \sum_{\nu=1}^{n} \frac{1}{2}\hat{u}_\nu \hat{i}_\nu = \sum_{\nu=1}^{n} R\frac{\hat{i}_\nu^2}{2} = \sum_{\nu=1}^{n} \frac{\hat{u}_\nu^2}{2R}\,. \tag{10.128}$$

Dieses Ergebnis in (10.95) eingesetzt, ergibt

$$i_{\text{eff}}^2 = \sum_{\nu=1}^{n} \frac{\hat{i}_\nu^2}{2} \tag{10.129}$$

$$u_{\text{eff}}^2 = \sum_{\nu=1}^{n} \frac{\hat{u}_\nu^2}{2}\,. \tag{10.130}$$

Die Summanden $\hat{i}_\nu^2/2$ und $\hat{u}_\nu^2/2$ sind nach Gleichung (10.114) gerade die Quadrate der Effektivwerte der ν-ten Teilschwingung. Wir setzen deshalb

$$\frac{\hat{i}_\nu^2}{2} = i_{\nu,\text{eff}}^2 \qquad \frac{\hat{u}_\nu^2}{2} = u_{\nu,\text{eff}}^2$$

und erhalten damit aus (10.129) und (10.130):

$$i_{\text{eff}}^2 = \sum_{\nu=1}^{n} i_{\nu,\text{eff}}^2 \tag{10.131}$$

$$u_{\text{eff}}^2 = \sum_{\nu=1}^{n} u_{\nu,\text{eff}}^2\,. \tag{10.132}$$

11. LINEARE ZWEIPOLE UND VIERPOLE

11.1 Vorbemerkungen

In den beiden vorangegangenen Abschnitten haben wir die Eigenschaften gegebener *RLC*-Schaltungen untersucht, z. B. die Impedanz oder Admittanz in Abhängigkeit von der Kreisfrequenz. Wir wollen nun einen Schritt weitergehen und ganz allgemein zwei Klassen von linearen Schaltungen untersuchen, nämlich die Zweipole und Vierpole. Dabei werden wir versuchen, die Schaltungseigenschaften durch Kenngrößen zu beschreiben und Modell- oder Ersatzschaltungen aufzufinden, die diese Eigenschaften auf möglichst einfache Weise wiedergeben.

In dieser Weise werden wir zunächst Schaltungen behandeln, die nur ein äußerlich zugängliches Klemmenpaar haben, und die man deshalb Zweipole oder Eintore nennt. Die letzte Bezeichnung bringt zum Ausdruck, daß mit Strom und Spannung an dem Klemmenpaar eine elektrische Leistung in das Innere der Schaltung eindringt. Einige einfache Zweipole haben wir schon kennengelernt, nämlich die Schaltelemente R, L und C.

Als nächstes werden wir Schaltungen mit zwei äußerlich zugänglichen Klemmenpaaren untersuchen, die man als Vierpole oder Zweitore bezeichnet und die als Übertrager, Verstärker usw. eine wichtige Rolle in der Elektrotechnik spielen.

Außerdem beschränken wir uns wie in den beiden vorangegangenen Abschnitten auf die Untersuchung des eingeschwungenen Zustandes wechselstromgespeister linearer Schaltungen, so daß Ströme und Spannungen durch ihre komplexen Amplituden beschrieben werden können, die wir im folgenden einfach Strom und Spannung nennen.

11.2 Der lineare Zweipol und seine Ersatzschaltungen

An einem Zweipol nach Abb. 11.1 können zwei Größen gemessen werden: Die Spannung U zwischen den Klemmen und der an der einen Klemme zu- bzw. an der anderen Klemme abfließenden Strom I. Wir betrachten nur lineare Zweipole, also solche, deren Klemmengrößen

U und I durch eine lineare Gleichung miteinander verknüpft sind, z.B. in der Form

$$U = U_1 + ZI \tag{11.1}$$

oder in der nach I aufgelösten Darstellung

$$I = I_k + YU \tag{11.2}$$

mit

$$Y = \frac{1}{Z} \quad \text{und} \quad I_k = -\frac{U_1}{Z}. \tag{11.3}$$

Die Größen U_1, Z und I_k, Y sind im allgemeinen Fall komplexe Konstanten, die die Zweipoleigenschaften für sinusförmige Ströme und Spannungen der betreffenden Frequenz eindeutig charakterisieren.

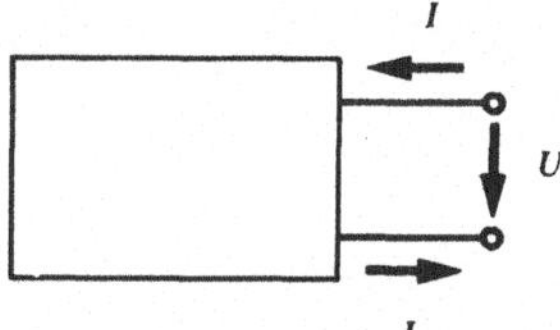

Abb. 11.1 Strom und Spannung am Zweipol nach Verbraucher-Zählpfeilsystem

Man unterscheidet zwischen aktiven und passiven Zweipolen. Ein passiver Zweipol ist dadurch charakterisiert, daß die Konstanten U_1 bzw. I_k den Wert null haben. Es ist demnach

$$U = ZI \quad \text{oder} \quad I = YU. \tag{11.4}$$

Das Klemmenverhalten eines linearen passiven Zweipols wird also vollständig durch eine einzige Konstante, nämlich die Impedanz Z oder die Admittanz Y beschrieben. Wenn der Zweipol das Modell einer physikalisch realisierbaren, stabilen Schaltung sein soll, darf die von ihm aufgenommene mittlere Wirkleistung nicht negativ sein. Es gilt deshalb, falls man ein Verbraucher-Zählpfeilsystem für U und I verwendet:

$$P = \tfrac{1}{4}(UI^* + U^*I) \geq 0. \tag{10.121}$$

Daraus folgt mit

$$U = ZI, \quad U^* = Z^*I^* \tag{11.4}$$

$$P = \tfrac{1}{2}II^*\frac{Z+Z^*}{2} \geq 0$$

$$= \tfrac{1}{2}|I|^2\operatorname{Re}\{Z\} \geq 0. \tag{11.5}$$

Für einen passiven Zweipol muß also gelten:

$$\mathrm{Re}\{Z\} > 0\,. \tag{11.6}$$

Entsprechend gilt für die Admittanz eines passiven Zweipols die Bedingung

$$\mathrm{Re}\{Y\} > 0\,. \tag{11.7}$$

Der aktive Zweipol wird durch die Gleichungen (11.1) und (11.2) beschrieben. Für die von ihm aufgenommene Leistung

$$P = \tfrac{1}{2}\mathrm{Re}\{U I^*\}$$

erhalten wir zusammen mit (11.1):

$$\begin{aligned} P &= \tfrac{1}{2}\mathrm{Re}\{(U_1 + Z I) I^*\} \\ &= \tfrac{1}{2}\mathrm{Re}\{U_1 I^*\} + \tfrac{1}{2} I I^* \mathrm{Re}\{Z\}\,. \end{aligned} \tag{11.8}$$

Dieser Ausdruck kann je nach der Größe von U_1 und I positive oder negative Werte annehmen.

Wir suchen nun möglichst einfach aufgebaute Ersatzschaltungen für den allgemeinen Zweipol. Dabei gehen wir von den Gleichungen (11.1) und (11.2) aus, die den Zusammenhang zwischen Spannung und Strom an den Klemmen des allgemeinen Zweipols beschreiben.

Gleichung (11.1) weist unmittelbar auf eine Reihenschaltung eines Spannungsgenerators mit der konstanten Spannung U_1 und eines komplexen Widerstandes mit der Impedanz Z hin, wie sie in Abb. 11.2 dargestellt ist. Diese Schaltung bezeichnet man als Ersatzspannungsquelle. Zu Gleichung (11.1) gehört die linke Schaltung aus Abb. 11.2 mit dem Verbraucher-Zählpfeilsystem.

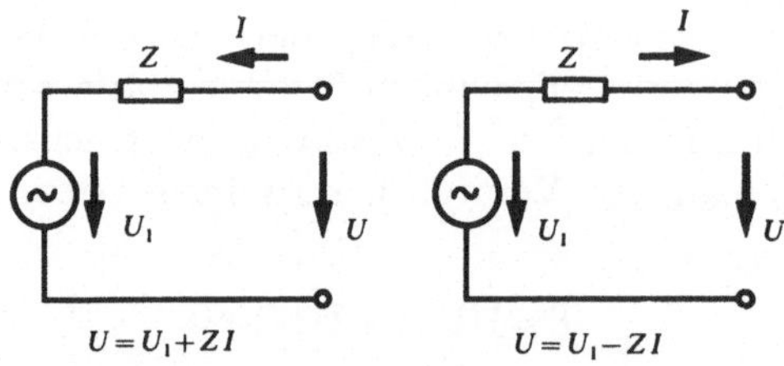

Abb. 11.2 Ersatzspannungsquelle

Für einen aktiven Zweipol benutzt man auch häufig das in Abb. 11.2 rechts eingezeichnete Generator-Zählpfeilsystem. Es ist dann

$$U = U_1 - Z I\,. \tag{11.9}$$

Im Leerlauf ($I=0$) beträgt die Klemmenspannung

$$U=U_1\,, \tag{11.10}$$

während der Kurzschlußstrom ($U=0$) nach den Gleichungen (11.1) und (11.3) die Größe

$$I = -\frac{U_1}{Z} = I_k$$

hat.

Gleichung (11.2) weist auf die Parallelschaltung eines Stromgenerators mit dem konstanten Strom I_k und eines komplexen Widerstandes mit der Admittanz Y hin, wie es in der linken Schaltung von Abb. 11.3 dargestellt ist.

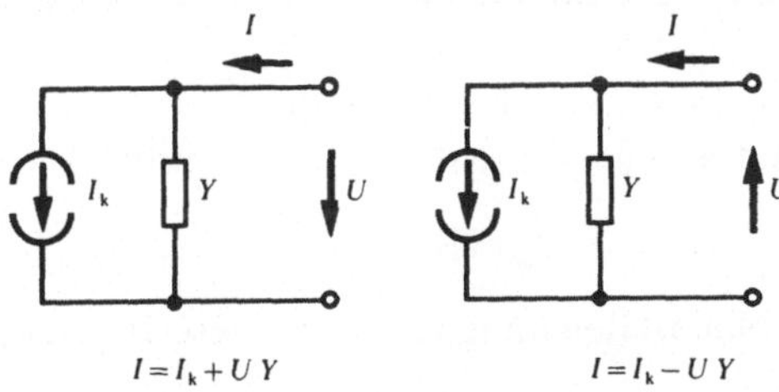

Abb. 11.3 Ersatzstromquelle

stellt ist. Diese Schaltung bezeichnet man als Ersatzstromquelle. Zu Gleichung (11.2) gehört das in Abb. 11.3 links eingetragene Verbraucher-Zählpfeilsystem. Benutzt man dagegen das in Abb. 11.3 rechts eingetragene Generator-Zählpfeilsystem, dann gilt

$$I=I_k-YU\,. \tag{11.11}$$

Im Kurzschluß ($U=0$) beträgt der Klemmenstrom nach Gleichung (11.2)

$$I=I_k\,,$$

während die Leerlaufspannung ($I=0$) wegen der Gleichungen (11.2) und (11.3) die Größe

$$U = -\frac{1}{Y}I_k=U_1$$

hat.

Beide Ersatzschaltungen beschreiben gleichwertig die gegenseitige Abhängigkeit von Klemmenspannung und Klemmenstrom eines Zweipols. Sie zeigen beide das gleiche Verhalten bei Leerlauf und Kurzschluß und damit auch bei beliebiger Belastung, weil eine lineare Beziehung zwischen zwei Größen (U,I) durch zwei Wertepaare eindeutig festgelegt ist.

Die Äquivalenz der beiden Ersatzschaltungen gilt aber nur für die Abhängigkeit der Klemmengrößen, nicht jedoch für den Leistungsumsatz im Inneren. Während in der Ersatzspannungsquelle beim Leerlauf keine Leistung umgesetzt wird, ist das in der Ersatzstromquelle beim Klemmenkurzschluß der Fall.

11.3 Die Leistungsanpassung bei Zweipolen

Wir berechnen die mittlere Leistung, die von einem aktiven Zweipol nach Abb. 11.4 an einen passiven Zweipol mit der Impedanz

$$Z_a = R_a + jX_a$$

abgegeben wird. Nach Gleichung (11.5) ist diese Leistung

$$P_a = \tfrac{1}{2}|I_a|^2 R_a .$$

Wenn man auch Z_i durch Real- und Imaginärteil darstellt

$$Z_i = R_i + jX_i ,$$

wird

$$I_a = \frac{U_1}{Z_a + Z_i} = \frac{U_1}{R_a + R_i + j(X_a + X_i)}$$

und

$$|I_a|^2 = \frac{|U_1|^2}{(R_a + R_i)^2 + (X_a + X_i)^2} ,$$

also

$$P_a = \frac{|U_1|^2}{2} \frac{1}{\frac{1}{R_a}[(R_i + R_a)^2 + (X_i + X_a)^2]} . \qquad (11.15)$$

Die Leistungsanpassung stellt den Betriebsfall dar, in dem die von dem Zweipol mit der Impedanz Z_a aufgenommene Wirkleistung P_a einen Maximalwert annimmt. Mit

$$Z_a = R_a + jX_a$$

lauten die notwendigen Bedingungen für ein Extremum der Wirkleistung P_a:

$$\frac{\partial P_a}{\partial R_a} = 0, \quad \frac{\partial P_a}{\partial X_a} = 0.$$

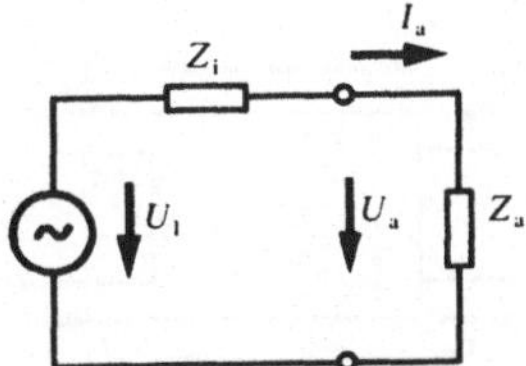

Abb. 11.4 Leistungsanpassung zwischen zwei Zweipolen

Da der Zähler in Gleichung (11.15) konstant ist, genügt es, die partiellen Ableitungen des Nenners zu bilden:

$$\frac{\partial}{\partial R_a}\left\{\frac{1}{R_a}[(R_a+R_i)^2+(X_a+X_i)^2]\right\} = 0 = 1 - \frac{R_i^2}{R_a^2} - \frac{(X_i+X_a)^2}{R_a^2}$$

$$\frac{\partial}{\partial X_a}\left\{\frac{1}{R_a}[(R_a+R_i)^2+(X_a+X_i)^2]\right\} = 0 = \frac{2X_i+2X_a}{R_a}.$$

Die beiden Gleichungen ergeben die Bedingungen

$$X_a = -X_i \qquad R_a = \pm R_i.$$

Da R_a und R_i positiv sein müssen, ist

$$R_a = +R_i$$

zu nehmen. Die Impedanz Z_a, die ein Extremum der Leistung P_a ergibt, ist also

$$Z_a = R_i - \mathrm{j}X_i = Z_i^*. \tag{11.16}$$

Für diesen Wert hat P_a, wie man nachprüfen kann, ein Maximum von der Größe

$$P_{max} = \frac{1}{8}\frac{|U_1|^2}{R_a}. \tag{11.17}$$

11.4 Vierpole als Zweitore und ihre Beschreibung durch Matrizengleichungen

Wir betrachten nun eine Schaltung mit vier von außen zugänglichen Klemmen, wie sie in Abb. 11.7 dargestellt ist.

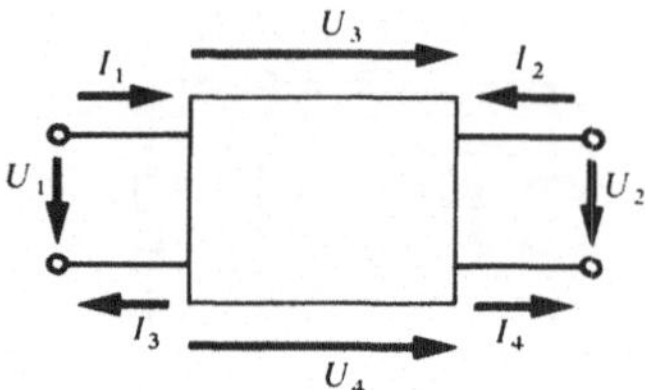

Abb. 11.7 Ströme und Spannungen an einem Vierpol

An einem solchen Vierpol treten insgesamt 4 Klemmenströme und 4 Klemmenspannungen auf. Die vier Ströme und ebenso die vier Spannungen sind nicht unabhängig voneinander, sondern durch die Kirchhoffschen Gleichungen miteinander verbunden. Es gilt:

$$\begin{aligned} I_1+I_2-I_3-I_4&=0 \\ U_1-U_2-U_3+U_4&=0\,. \end{aligned} \tag{11.18}$$

Wir wollen uns in den folgenden Überlegungen auf den Betriebsfall beschränken, daß je zwei Klemmen zu einem Klemmenpaar oder Tor zusammengefaßt sind. Ein solches Tor soll dadurch charakterisiert sein, daß die Ströme an den beiden zugehörigen Klemmen entgegengesetzt gleich sind. Diese Einschränkung liegt in dem wichtigen Betriebsfall vor, wenn der Vierpol als Übertragungsglied zwischen einem aktiven Zweipol (Sender) und einem passiven Zweipol (Empfänger) geschaltet ist, so daß

$$I_1=I_3 \quad \text{und} \quad I_2=I_4$$

gilt. Einen in dieser Weise betriebenen Vierpol bezeichnet man als Zweitor. Wir werden uns weiterhin ausschließlich mit solchen Zweitoren beschäftigen. Die Eigenschaften eines Zweitors werden durch den Zusammenhang zwischen U_1, U_2, I_1, I_2 eindeutig beschrieben. Wenn wir Linearität fordern und den Fall ausschließen, daß das Zweitor unabhängige Spannungs- oder Stromquellen enthält, muß sich dieser Zusammenhang durch ein homogenes lineares Gleichungssystem der Form

$$\begin{aligned} a_{11}U_1+a_{12}U_2+b_{11}I_1+b_{12}I_2&=0 \\ a_{21}U_1+a_{22}U_2+b_{21}I_1+b_{22}I_2&=0 \end{aligned} \tag{11.19}$$

darstellen lassen; denn das Gleichungssystem muß den Rang zwei haben, wenn zwei Größen als Funktion der beiden anderen eindeutig berechenbar sein sollen. Deshalb muß mindestens eine der von den Koeffizienten des Systems zu bildenden Unterdeterminanten zweiter Ordnung von null verschieden sein.

Ist das z.B. die von $a_{11} \dots a_{22}$ gebildete Determinante, so läßt sich das System nach U_1 und U_2 auflösen, und es gilt

$$\begin{aligned} U_1 &= Z_{11} I_1 + Z_{12} I_2 \\ U_2 &= Z_{21} I_1 + Z_{22} I_2 . \end{aligned} \tag{11.20}$$

Es ist vereinbart, die Zählpfeile der Strom- und Spannungsamplituden an beiden Toren im Sinne eines Verbrauchersystems einander zuzuordnen, wie Abb. 11.8 zeigt.

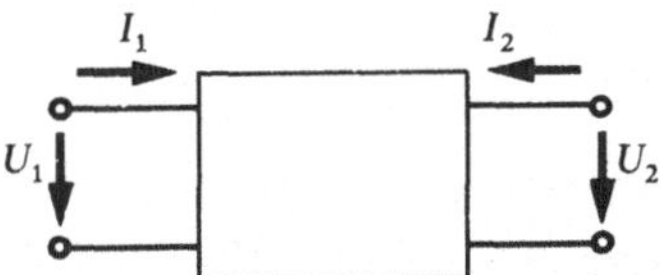

Abb. 11.8 Zweitor mit symmetrischer Bepfeilung der Ströme und Spannungen

Die Koeffizienten $Z_{11} \dots Z_{22}$ haben die Dimension einer Impedanz. Man nennt deshalb das System (11.20) die Widerstandsgleichungen des Zweitors. In der abgekürzten Form einer Matrizengleichung lauten sie

$$\begin{bmatrix} U_1 \\ U_2 \end{bmatrix} = \begin{bmatrix} Z_{11} & Z_{12} \\ Z_{21} & Z_{22} \end{bmatrix} \cdot \begin{bmatrix} I_1 \\ I_2 \end{bmatrix} . \tag{11.21}$$

Dabei sind

$$\begin{bmatrix} U_1 \\ U_2 \end{bmatrix} = \boldsymbol{U}, \quad \begin{bmatrix} I_1 \\ I_2 \end{bmatrix} = \boldsymbol{I} \tag{11.22}$$

die Spaltenmatrizen der Spannungen und Ströme und

$$\boldsymbol{Z} = \begin{bmatrix} Z_{11} & Z_{12} \\ Z_{21} & Z_{22} \end{bmatrix} \tag{11.23}$$

die Widerstandsmatrix des Zweitors. Die Gleichungen (11.20) lassen sich dann einfach als Matrizengleichung in der Form

$$\boldsymbol{U} = \boldsymbol{Z} \cdot \boldsymbol{I} \tag{11.24}$$

schreiben.

Für die Bildung des Matrizenproduktes $\boldsymbol{Z}\,\boldsymbol{I}$ gelten die bekannten Regeln der Matrizenrechnung (siehe z.B.: Laugwitz, D.: Ingenieurmathematik IV). Sie können unmittelbar aus den Gleichungen (11.20) abgelesen werden: Das Element auf dem Platz i, k der Produktmatrix entsteht als Skalarprodukt aus der i-ten Zeile des ersten Faktors und der k-ten Spalte des zweiten Faktors. In unserm Fall enthält der zweite Faktor $\boldsymbol{I}$ nur eine Spalte. Infolgedessen hat auch die Produktmatrix $\boldsymbol{U}$ nur eine Spalte.

Um von einer vorgegebenen Zweitorschaltung die Matrix zu bestimmen, muß man im allgemeinen vier Messungen ausführen. Es ist vorteilhaft, die Betriebszustände bei den Messungen so zu wählen, daß man jeweils ein Element der Matrix erhält. Um herauszufinden, aus welchen Messungen man die Elemente der Widerstandsmatrix unmittelbar bestimmen kann, betrachten wir die physikalische Bedeutung der Koeffizienten $Z_{11} \ldots Z_{22}$, die wir unmittelbar aus dem Gleichungssystem (11.20) und dem Schaltbild 11.8 ablesen. Ist das Klemmenpaar 2 unbelastet, also $I_2 = 0$, dann erhalten wir aus (11.20) die Beziehung

$$Z_{11} = \frac{U_1}{I_1} = Z_{1l} \quad \text{für} \quad I_2 = 0 .$$

Z_{11} ist also die bei leerlaufendem Tor 2 am Tor 1 gemessene Impedanz Z_{1l}, die man auch „Eingangs-Leerlaufimpedanz“ nennt. Entsprechend ist

$$Z_{22} = \frac{U_2}{I_2} = Z_{2l} \quad \text{für} \quad I_1 = 0$$

die Leerlaufimpedanz am Tor 2, auch „Ausgangs-Leerlaufimpedanz“ genannt.

Z_{12} und Z_{21} sind nach (11.20) Quotienten aus der Leerlaufspannung an einem Tor und dem Strom am anderen Tor. Sie stellen deshalb ein Maß für die Kopplung zwischen den beiden Toren dar. Man bezeichnet

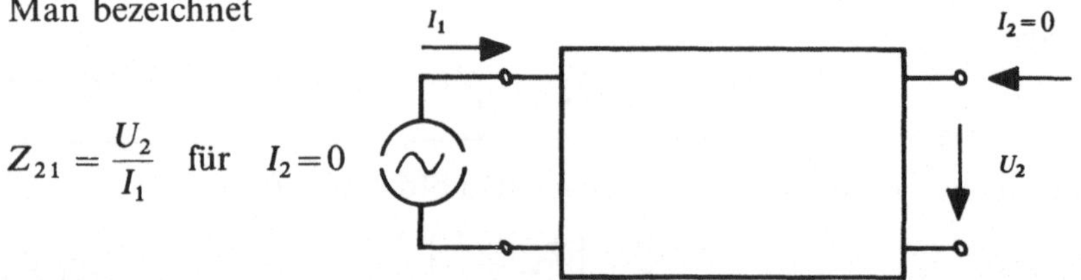

$$Z_{21} = \frac{U_2}{I_1} \quad \text{für} \quad I_2 = 0$$

als „Leerlauf-Kernimpedanz vorwärts“ und

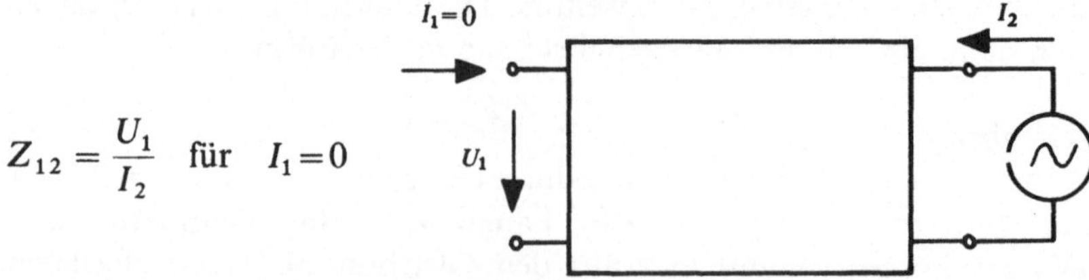

$$Z_{12} = \frac{U_1}{I_2} \quad \text{für} \quad I_1 = 0$$

als „Leerlauf-Kernimpedanz rückwärts". Ist $Z_{12} = Z_{21}$, so nennt man das Zweitor kopplungssymmetrisch oder übertragungssymmetrisch, ist $Z_{11} = Z_{22}$, so nennt man es widerstandssymmetrisch.

Abb. 11.9 Zwei Beispiele einfacher Zweitore

Als Beispiel ermitteln wir die Widerstandsmatrizen zweier besonders einfacher Zweitore. Die linke Schaltung aus Abb. 11.9 ist ein Zweitor mit fester Kopplung zwischen den Toren. Hier gelten die Gleichungen

$$\begin{aligned} U_1 &= R(I_1 + I_2) \\ U_2 &= R(I_1 + I_2) \end{aligned}$$

mit der Widerstandsmatrix

$$\boldsymbol{Z} = \begin{bmatrix} R & R \\ R & R \end{bmatrix}$$

Die rechte Schaltung aus Abb. 11.9 ist ein Zweitor ohne Kopplung zwischen den beiden Toren. Hier lauten die Gleichungen

$$\begin{aligned} U_1 &= R_1 I_1 \\ U_2 &= \qquad R_2 I_2 . \end{aligned}$$

Dazu gehört die Widerstandsmatrix

$$\boldsymbol{Z} = \begin{bmatrix} R_1 & 0 \\ 0 & R_2 \end{bmatrix}$$

mit $Z_{12} = Z_{21} = 0$.

Eine andere, gleichwertige Form der Gleichungen erhalten wir, indem wir das System (11.19) nach I_1 und I_2 auflösen

$$\begin{aligned} I_1 &= Y_{11} U_1 + Y_{12} U_2 \\ I_2 &= Y_{21} U_1 + Y_{22} U_2 . \end{aligned} \tag{11.25}$$

Die Koeffizienten $Y_{11} \ldots Y_{22}$ haben die Dimension von Admittanzen. Deshalb nennt man die Beziehungen (11.25) die Leitwertgleichungen des Zweitors. In Matrizenschreibweise lauten sie

$$\boldsymbol{I} = \boldsymbol{Y} \cdot \boldsymbol{U} \tag{11.26}$$

mit den Spaltenmatrizen $\boldsymbol{I}$ und $\boldsymbol{U}$ der Ströme und der Spannungen

$$\boldsymbol{I} = \begin{bmatrix} I_1 \\ I_2 \end{bmatrix}, \quad \boldsymbol{U} = \begin{bmatrix} U_1 \\ U_2 \end{bmatrix}$$

und der Leitwertmatrix

$$\boldsymbol{Y} = \begin{bmatrix} Y_{11} & Y_{12} \\ Y_{21} & Y_{22} \end{bmatrix}. \tag{11.27}$$

Auch hier können wir die physikalische Bedeutung der einzelnen Koeffizienten sofort aus den Gleichungen und dem Schaltbild 11.7 ablesen. Ist das Klemmenpaar 2 kurzgeschlossen, also $U_2 = 0$, dann erhalten wir aus (11.25)

$$Y_{11} = \frac{I_1}{U_1} = Y_{1k} \quad \text{für} \quad U_2 = 0 .$$

Y_{11} ist also die Admittanz, gemessen am Tor 1 bei kurzgeschlossenem Tor 2 und wird als „Eingangs-Kurzschlußadmittanz" Y_{1k} bezeichnet. Entsprechend ist

$$Y_{22} = \frac{I_2}{U_2} = Y_{2k} \quad \text{für} \quad U_1 = 0$$

die „Ausgangs-Kurzschlußadmittanz". Y_{12} und Y_{21} sind wie Z_{12} und Z_{21} ein Maß für die Kopplung zwischen den beiden Toren. Man bezeichnet

$$Y_{21} = \frac{I_2}{U_1} \quad \text{für} \quad U_2 = 0$$

als „Kurzschluß-Kernadmittanz vorwärts" und

$$Y_{12} = \frac{I_1}{U_2} \quad \text{für} \quad U_1 = 0 \tag{11.28}$$

als „Kurzschluß-Kernadmittanz rückwärts". Ist $Y_{12} = Y_{21}$, so nennt man das Zweitor kopplungssymmetrisch oder übertragungssymmetrisch.

Als Beispiel ermitteln wir die Leitwertgleichungen zweier einfacher Zweitore. Zu der linken Schaltung aus Abb. 11.10 gehören die Gleichungen

$$I_1 = G(U_1 - U_2)$$
$$I_2 = G(U_2 - U_1)$$

mit der Leitwertmatrix

$$\boldsymbol{Y} = \begin{bmatrix} G & -G \\ -G & G \end{bmatrix}.$$

Abb. 11.10 Zwei Beispiele einfacher Zweitore

Die rechte Schaltung in Abb. 11.10 stellt ein Zweitor ohne Kopplung zwischen den beiden Toren dar. Seine Leitwertmatrix ist

$$\boldsymbol{Y} = \begin{bmatrix} G_1 & 0 \\ 0 & G_2 \end{bmatrix}.$$

Die am häufigsten benutzte Darstellung der Zweitorgleichungen ist die Kettenform, bei der die Größen am Tor 1 als Funktion der Größen am Tor 2 erscheinen. Um das Zusammenschalten mehrerer Zweitore zu einer Kette einfach darstellen zu können – siehe Abschnitt 11.5 –, schreibt man hier die Gleichungen in der Form

$$\begin{aligned} U_1 &= A_{11} U_2 + A_{12}(-I_2) \\ I_1 &= A_{21} U_2 + A_{22}(-I_2), \end{aligned} \tag{11.28}$$

benutzt also am Tor 2 die Größen U_2 und $-I_2$.

In Matrizenschreibweise lautet (11.28)

$$\begin{bmatrix} U_1 \\ I_1 \end{bmatrix} = \begin{bmatrix} A_{11} & A_{12} \\ A_{21} & A_{22} \end{bmatrix} \cdot \begin{bmatrix} U_2 \\ -I_2 \end{bmatrix} = \boldsymbol{A} \cdot \begin{bmatrix} U_2 \\ -I_2 \end{bmatrix} \tag{11.29}$$

mit der Kettenmatrix

$$\boldsymbol{A} = \begin{bmatrix} A_{11} & A_{12} \\ A_{21} & A_{22} \end{bmatrix}.$$

Anders als bei den Matrizen Z und Y haben die Elemente hier unterschiedliche Dimensionen. Aus einem Vergleich mit (11.20) und (11.25) ergibt sich, daß

$$A_{12} = \frac{-1}{Y_{21}} \qquad A_{21} = \frac{1}{Z_{12}}$$

ist. Die anderen Elemente haben die Dimension 1, und zwar ist

$$A_{11} = \frac{U_1}{U_2} \quad \text{für} \quad I_2 = 0$$

die „Leerlauf-Spannungsübersetzung" und

$$A_{22} = \frac{I_1}{-I_2} \quad \text{für} \quad U_2 = 0$$

die „Kurzschluß-Stromübersetzung", beides in Vorwärtsrichtung gemessen.

Die Kettenmatrix für die umgekehrte Richtung, in der U_2, I_2 als Funktion von U_1, I_1 dargestellt werden, erhält gewöhnlich keine eigene Bezeichnung.

Als Beispiel ermitteln wir die Kettengleichungen zweier einfacher Zweitore. Für die linke Schaltung aus Abb. 11.10 gilt

$$\begin{aligned} U_1 &= U_2 - \frac{1}{G} I_2 \\ I_1 &= \quad\;\; -I_2 \end{aligned} \quad \text{mit} \quad \boldsymbol{A} = \begin{bmatrix} 1 & \frac{1}{G} \\ 0 & 1 \end{bmatrix}.$$

Entsprechend erhalten wir für die linke Schaltung aus Abb. 11.9

$$\begin{aligned} U_1 &= U_2 \\ I_1 &= \frac{1}{R} U_2 - I_2 \end{aligned} \quad \text{mit} \quad \boldsymbol{A} = \begin{bmatrix} 1 & 0 \\ \frac{1}{R} & 1 \end{bmatrix}.$$

Die beiden noch fehlenden Darstellungen der Zweitorgleichungen haben die Form

$$\begin{aligned} U_1 &= H_{11} I_1 + H_{12} U_2 \\ I_2 &= H_{21} I_1 + H_{22} U_2 \end{aligned} \tag{11.30}$$

und

$$\begin{aligned} I_1 &= P_{11} U_1 + P_{12} I_2 \\ U_2 &= P_{21} U_1 + P_{22} I_2 . \end{aligned} \tag{11.31}$$

In Matrizenschreibweise lauten sie

$$\begin{bmatrix} U_1 \\ I_2 \end{bmatrix} = \begin{bmatrix} H_{11} & H_{12} \\ H_{21} & H_{22} \end{bmatrix} \cdot \begin{bmatrix} I_1 \\ U_2 \end{bmatrix} = \boldsymbol{H} \cdot \begin{bmatrix} I_1 \\ U_2 \end{bmatrix} \tag{11.32}$$

mit der Reihen-Parallel-Matrix $\boldsymbol{H}$ und

$$\begin{bmatrix} I_1 \\ U_2 \end{bmatrix} = \begin{bmatrix} P_{11} & P_{12} \\ P_{21} & P_{22} \end{bmatrix} \cdot \begin{bmatrix} U_1 \\ I_2 \end{bmatrix} = \boldsymbol{P} \cdot \begin{bmatrix} U_1 \\ I_2 \end{bmatrix} \tag{11.33}$$

mit der Parallel-Reihen-Matrix $\boldsymbol{P}$. Die Erklärung für die Bezeichnung dieser Matrizen werden wir im folgenden Abschnitt finden.

Tabelle 2

$$\boldsymbol{Z}=\begin{bmatrix}\frac{Y_{22}}{\det \boldsymbol{Y}} & -\frac{Y_{12}}{\det \boldsymbol{Y}}\\ -\frac{Y_{21}}{\det \boldsymbol{Y}} & \frac{Y_{11}}{\det \boldsymbol{Y}}\end{bmatrix}=\begin{bmatrix}\frac{\det \boldsymbol{H}}{H_{22}} & \frac{H_{12}}{H_{22}}\\ -\frac{H_{21}}{H_{22}} & \frac{1}{H_{22}}\end{bmatrix}=\begin{bmatrix}\frac{1}{P_{11}} & -\frac{P_{12}}{P_{11}}\\ \frac{P_{21}}{P_{11}} & \frac{\det \boldsymbol{P}}{P_{11}}\end{bmatrix}=\begin{bmatrix}\frac{A_{11}}{A_{21}} & \frac{\det \boldsymbol{A}}{A_{21}}\\ \frac{1}{A_{21}} & \frac{A_{22}}{A_{21}}\end{bmatrix}$$

$$\boldsymbol{Y}=\begin{bmatrix}\frac{Z_{22}}{\det \boldsymbol{Z}} & -\frac{Z_{12}}{\det \boldsymbol{Z}}\\ -\frac{Z_{21}}{\det \boldsymbol{Z}} & \frac{Z_{11}}{\det \boldsymbol{Z}}\end{bmatrix}=\begin{bmatrix}\frac{1}{H_{11}} & -\frac{H_{12}}{H_{11}}\\ \frac{H_{21}}{H_{11}} & \frac{\det \boldsymbol{H}}{H_{11}}\end{bmatrix}=\begin{bmatrix}\frac{\det \boldsymbol{P}}{P_{22}} & \frac{P_{12}}{P_{22}}\\ -\frac{P_{21}}{P_{22}} & \frac{1}{P_{22}}\end{bmatrix}=\begin{bmatrix}\frac{A_{22}}{A_{12}} & -\frac{\det \boldsymbol{A}}{A_{12}}\\ -\frac{1}{A_{12}} & \frac{A_{11}}{A_{12}}\end{bmatrix}$$

$$\boldsymbol{H}=\begin{bmatrix}\frac{\det \boldsymbol{Z}}{Z_{22}} & \frac{Z_{12}}{Z_{22}}\\ -\frac{Z_{21}}{Z_{22}} & \frac{1}{Z_{22}}\end{bmatrix}=\begin{bmatrix}\frac{1}{Y_{11}} & -\frac{Y_{12}}{Y_{11}}\\ \frac{Y_{21}}{Y_{11}} & \frac{\det \boldsymbol{Y}}{Y_{11}}\end{bmatrix}=\begin{bmatrix}\frac{P_{22}}{\det \boldsymbol{P}} & -\frac{P_{12}}{\det \boldsymbol{P}}\\ -\frac{P_{21}}{\det \boldsymbol{P}} & \frac{P_{11}}{\det \boldsymbol{P}}\end{bmatrix}=\begin{bmatrix}\frac{A_{12}}{A_{22}} & \frac{\det \boldsymbol{A}}{A_{22}}\\ -\frac{1}{A_{22}} & \frac{A_{21}}{A_{22}}\end{bmatrix}$$

$$\boldsymbol{P}=\begin{bmatrix}\frac{1}{Z_{11}} & -\frac{Z_{12}}{Z_{11}}\\ \frac{Z_{21}}{Z_{11}} & \frac{\det \boldsymbol{Z}}{Z_{11}}\end{bmatrix}=\begin{bmatrix}\frac{\det \boldsymbol{Y}}{Y_{22}} & \frac{Y_{12}}{Y_{22}}\\ -\frac{Y_{21}}{Y_{22}} & \frac{1}{Y_{22}}\end{bmatrix}=\begin{bmatrix}\frac{H_{22}}{\det \boldsymbol{H}} & -\frac{H_{12}}{\det \boldsymbol{H}}\\ -\frac{H_{21}}{\det \boldsymbol{H}} & \frac{H_{11}}{\det \boldsymbol{H}}\end{bmatrix}=\begin{bmatrix}\frac{A_{21}}{A_{11}} & -\frac{\det \boldsymbol{A}}{A_{11}}\\ \frac{1}{A_{11}} & \frac{A_{12}}{A_{11}}\end{bmatrix}$$

$$\boldsymbol{A}=\begin{bmatrix}\frac{Z_{11}}{Z_{21}} & \frac{\det \boldsymbol{Z}}{Z_{21}}\\ \frac{1}{Z_{21}} & \frac{Z_{22}}{Z_{21}}\end{bmatrix}=\begin{bmatrix}-\frac{Y_{22}}{Y_{21}} & -\frac{1}{Y_{21}}\\ -\frac{\det \boldsymbol{Y}}{Y_{21}} & -\frac{Y_{11}}{Y_{21}}\end{bmatrix}=\begin{bmatrix}-\frac{\det \boldsymbol{H}}{H_{21}} & -\frac{H_{11}}{H_{21}}\\ -\frac{H_{22}}{H_{21}} & -\frac{1}{H_{21}}\end{bmatrix}=\begin{bmatrix}\frac{1}{P_{21}} & \frac{P_{22}}{P_{21}}\\ \frac{P_{11}}{P_{21}} & \frac{\det \boldsymbol{P}}{P_{21}}\end{bmatrix}$$

Alle Gleichungssysteme und damit alle Matrizen $\boldsymbol{Z}$, $\boldsymbol{Y}$, $\boldsymbol{K}$, $\boldsymbol{H}$ und $\boldsymbol{P}$ beschreiben gleichwertig die Zweitoreigenschaften. Wir werden später sehen, daß es gelegentlich notwendig ist, von einer Form zu einer anderen überzugehen. Dazu braucht man nur die Gleichungen nach den neuen abhängigen Klemmengrößen aufzulösen.

Es ist vorteilhaft, die hierfür notwendigen Umrechnungsformeln in einer Übersicht wie in Tabelle 2 zusammenzustellen. Hiermit könnte man z. B. unmittelbar die Kettenmatrix des Beispiels von Abb. 11.9 aus der zugehörigen Widerstandsmatrix herleiten.

Es gibt Zweitore, für die eine oder mehrere der Matrizen nicht existieren. Man erkennt das daran, daß die in den Umrechnungsformeln jeweils im Nenner stehenden Größen den Wert null annehmen. So existiert zu der Schaltung Abb. 11.9 links keine Leitwertmatrix, zu der Schaltung Abb. 11.9 rechts keine Kettenmatrix und zu der Schaltung Abb. 11.10 links keine Widerstandsmatrix.

Die Umrechnungsformeln zeigen auch, daß die Bedingungen der Kopplungssymmetrie gleichwertig durch

$$\begin{aligned} &Z_{12}=Z_{21} && Y_{12}=Y_{21} \\ &H_{12}=-H_{21} && P_{12}=-P_{21} \\ &\det\{A\}=1, && \end{aligned} \tag{11.34}$$

die Bedingungen der Widerstandssymmetrie gleichwertig durch

$$\begin{aligned} &Z_{11}=Z_{22} && Y_{11}=Y_{22} \\ &A_{11}=A_{22} && \\ &\det\{\boldsymbol{H}\}=1 && \det\{\boldsymbol{P}\}=1 \end{aligned} \tag{11.35}$$

ausgedrückt werden.

Einige dieser Umrechnungen lassen sich mit dem Begriff der Kehrmatrix sehr einfach darstellen. Bekanntlich definiert man die Kehrmatrix $\boldsymbol{Z}^{-1}$ einer Matrix $\boldsymbol{Z}$ durch die Gleichungen

$$\boldsymbol{Z}\cdot\boldsymbol{Z}^{-1}=\begin{bmatrix}1 & 0\\ 0 & 1\end{bmatrix}=\boldsymbol{E}.$$

Mit dieser Definition läßt sich z.B. die Auflösung der Widerstandsgleichungen

$$\boldsymbol{U}=\boldsymbol{Z}\cdot\boldsymbol{I} \tag{11.24}$$

nach der Unbekannten $\boldsymbol{I}$ in folgender Weise durchführen: Wir multiplizieren Gleichung (11.24) von links mit $\boldsymbol{Z}^{-1}$ und erhalten

$$\boldsymbol{Z}^{-1}\cdot\boldsymbol{U}=\boldsymbol{Z}^{-1}\cdot\boldsymbol{Z}\cdot\boldsymbol{I}=\boldsymbol{I}, \tag{11.36}$$

weil die Einheitsmatrix bei der Multiplikation einfach weggelassen werden kann. Gleichung (11.36) stimmt aber mit der Matrizendarstellung (11.26) der Leitwertgleichungen überein, es gilt deshalb

$$\boldsymbol{Y}=\boldsymbol{Z}^{-1} \quad \text{und} \quad \boldsymbol{Z}=\boldsymbol{Y}^{-1}. \tag{11.37}$$

Entsprechend erhalten wir aus den Matrizengleichungen (11.30) und (11.31):

$$\boldsymbol{H}=\boldsymbol{P}^{-1} \quad \text{und} \quad \boldsymbol{P}=\boldsymbol{H}^{-1}.$$

Gleichung (11.37) zeigt, daß zur Bildung der Kehrmatrix ein lineares Gleichungssystem aufgelöst werden muß. Bei zwei Gleichungen ist dieser Vorgang sehr einfach, so daß wir das Ergebnis sofort anschreiben können:

$$\boldsymbol{Z}^{-1} = \frac{1}{\det\{\boldsymbol{Z}\}} \begin{bmatrix} Z_{22} & -Z_{12} \\ -Z_{21} & Z_{11} \end{bmatrix}. \tag{11.38}$$

Der Kehrwert einer Matrix läßt sich demnach nur bilden, wenn ihre Determinante von Null verschieden ist.

Nachdem wir festgestellt haben, daß $\boldsymbol{Y}=\boldsymbol{Z}^{-1}$ und $\boldsymbol{P}=\boldsymbol{H}^{-1}$ ist, fragen wir nach der Bedeutung der Kehrmatrix $\boldsymbol{A}^{-1}$. Dazu betrachten wir die Kettengleichungen (11.29)

$$\begin{bmatrix} U_1 \\ I_1 \end{bmatrix} = \boldsymbol{A} \cdot \begin{bmatrix} U_2 \\ -I_2 \end{bmatrix} \tag{11.39}$$

und multiplizieren sie von links mit $\boldsymbol{A}^{-1}$:

$$\boldsymbol{A}^{-1} \cdot \begin{bmatrix} U_1 \\ I_1 \end{bmatrix} = \boldsymbol{A}^{-1} \cdot \boldsymbol{A} \cdot \begin{bmatrix} U_2 \\ -I_2 \end{bmatrix} = \begin{bmatrix} U_2 \\ -I_2 \end{bmatrix}$$

oder

$$\begin{bmatrix} U_2 \\ -I_2 \end{bmatrix} = \boldsymbol{A}^{-1} \cdot \begin{bmatrix} U_1 \\ I_1 \end{bmatrix}.$$

Die Kehrmatrix der Kettenmatrix beschreibt also das Verhalten des Zweitores für die umgekehrte Betriebsrichtung. Will man dagegen das Verhalten des „umgedrehten" Zweitores, also beim Vertauschen der Tore 1 und 2 für die normale Betriebsrichtung beschreiben, so hat man die Indizes 1 und 2 bei den Spannungen und Strömen zu vertauschen

$$\begin{bmatrix} U_1 \\ -I_1 \end{bmatrix} = \boldsymbol{A}^{-1} \cdot \begin{bmatrix} U_2 \\ I_2 \end{bmatrix} = \frac{1}{\det\{\boldsymbol{A}\}} \begin{bmatrix} A_{22} & -A_{12} \\ -A_{21} & A_{11} \end{bmatrix} \cdot \begin{bmatrix} U_2 \\ I_2 \end{bmatrix}. \tag{11.40}$$

Hier haben jetzt gegenüber der normalen Kettenform die beiden Stromamplituden das falsche Vorzeichen. Es verschwindet, wenn wir die zweite Zeile und die zweite Spalte der Matrix mit -1 multiplizieren

$$\begin{bmatrix} U_1 \\ I_1 \end{bmatrix} = \frac{1}{\det\{\boldsymbol{A}\}} \begin{bmatrix} A_{22} & A_{12} \\ A_{21} & A_{11} \end{bmatrix} \cdot \begin{bmatrix} U_2 \\ -I_2 \end{bmatrix}. \tag{11.41}$$

Damit haben wir die Kettenmatrix des „umgedrehten" Zweitors erhalten. Sie unterscheidet sich von der Kehrmatrix durch das Fehlen des negativen Vorzeichens bei A_{12} und A_{21}.

Bei kopplungssymmetrischen Zweitoren ist

$$\det\{A\} = A_{11}\,A_{22} - A_{12}\,A_{21} = \frac{Z_{12}}{Z_{21}} = 1.$$

In diesem wichtigen Fall bedeutet das „Umdrehen“ lediglich ein Vertauschen von A_{11} mit A_{22}.

11.5 Zusammenschaltung von Zweitoren

Kompliziertere Zweitore lassen sich häufig aus einfachen Teilzweitoren zusammensetzen, deren Gleichungen schon bekannt sind oder leicht aufgestellt werden können. In diesem Fall liegt die Frage nahe, wie die Matrix des zusammengesetzten Zweitors aus den bekannten Matrizen der Teile ermittelt werden kann. Diese Frage wollen wir für die Reihenschaltung, die Parallelschaltung und die Kettenschaltung zweier Zweitore untersuchen.

Als Reihenschaltung zweier Zweitore bezeichnet man die in Abb. 11.12 dargestellte Schaltung.

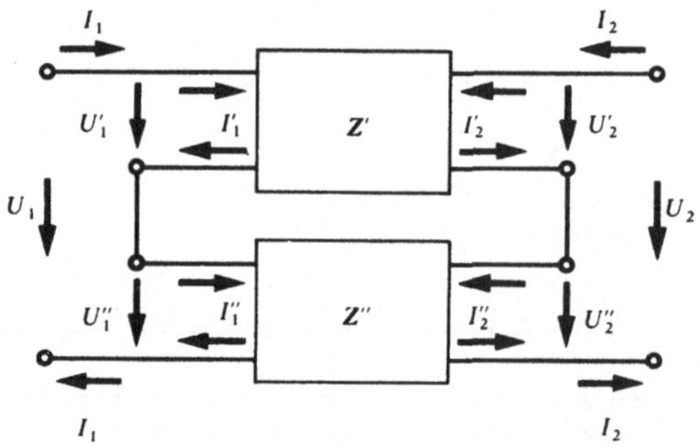

Abb. 11.12 Reihenschaltung zweier Zweitore

Für die Spannungen U_1, U_2 des Gesamtzweitors gilt

$$\begin{aligned} U_1 &= U_1' + U_1'' \\ U_2 &= U_2' + U_2'' \end{aligned} \tag{11.52}$$

und für die Klemmenströme

$$\begin{aligned} I_1 &= I_1' = I_1'' \\ I_2 &= I_2' = I_2''\,. \end{aligned} \tag{11.53}$$

Außerdem setzen wir voraus, daß die Ströme jedes Klemmenpaares der Teilzweitore auch nach der Zusammenschaltung entgegengesetzt gleich sind. Da bei der Zusammenschaltung die Spannungen addiert werden und die Ströme unverändert bleiben, liegt es nahe, die Gleichungen in der Widerstandsform zu benutzen. Für das Teilzweitor 1 mögen die Gleichungen

$$U'_1 = Z'_{11} I'_1 + Z'_{12} I'_2$$
$$U'_2 = Z'_{21} I'_1 + Z'_{22} I'_2$$

mit der Widerstandsmatrix

$$\boldsymbol{Z}' = \begin{bmatrix} Z'_{11} & Z'_{12} \\ Z'_{21} & Z'_{22} \end{bmatrix}$$

gelten und für das Teilzweitor 2 die Gleichungen

$$U''_1 = Z''_{11} I''_1 + Z''_{12} I''_2$$
$$U''_2 = Z''_{21} I''_1 + Z''_{22} I''_2$$

mit der Widerstandsmatrix

$$\boldsymbol{Z}'' = \begin{bmatrix} Z''_{11} & Z''_{12} \\ Z''_{21} & Z''_{22} \end{bmatrix}.$$

Für die Zusammenschaltung ergeben sich dann wegen (11.52) und (11.53) die Gleichungen

$$\begin{aligned} U_1 &= U'_1 + U''_1 = (Z'_{11} + Z''_{11}) I_1 + (Z'_{12} + Z''_{12}) I_2 \\ U_2 &= U'_2 + U''_2 = (Z'_{21} + Z''_{21}) I_1 + (Z'_{22} + Z''_{22}) I_2 . \end{aligned} \qquad (11.56)$$

Also wird die Widerstandsmatrix $\boldsymbol{Z}$ des Gesamtzweitors

$$\boldsymbol{Z} = \begin{bmatrix} Z'_{11} + Z''_{11} & Z'_{12} + Z''_{12} \\ Z'_{21} + Z''_{21} & Z'_{22} + Z''_{22} \end{bmatrix}.$$

Jedes ihrer Elemente ist gleich der Summe der entsprechenden Elemente von $\boldsymbol{Z}'$ und $\boldsymbol{Z}''$. Man bezeichnet diese Operation als Addition zweier Matrizen und schreibt einfach

$$\boldsymbol{Z} = \boldsymbol{Z}' + \boldsymbol{Z}'' = \begin{bmatrix} Z'_{11} + Z''_{11} & Z'_{12} + Z''_{12} \\ Z'_{21} + Z''_{21} & Z'_{22} + Z''_{22} \end{bmatrix}. \qquad (11.57)$$

Das Ergebnis lautet also: Der Reihenschaltung zweier Zweitore nach Abb. 11.12 entspricht die Addition der Widerstandsmatrizen beider Teile.

Als Parallelschaltung zweier Zweitore bezeichnet man die in Abb. 11.13 dargestellte Schaltung. Für die Klemmenströme I_1, I_2 der

Gesamtschaltung gilt

$$I_1 = I_1' + I_1'' \qquad (11.58)$$
$$I_2 = I_2' + I_2''$$

und für die Spannungen

$$U_1 = U_1' = U_1'' \qquad (11.59)$$
$$U_2 = U_2' = U_2''\,.$$

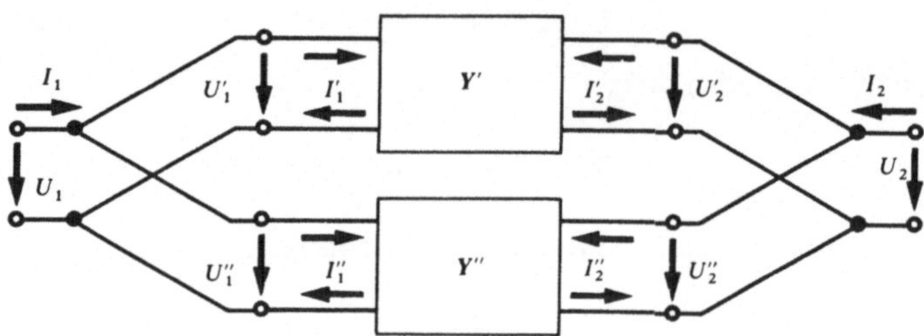

Abb. 11.13 Parallelschaltung zweier Zweitore

Außerdem setzen wir voraus, daß die Ströme jedes Klemmenpaares der Teilzweitore auch nach der Zusammenschaltung entgegengesetzt gleich sind. Analog zu den Überlegungen bei der Reihenschaltung gehen wir hier von den Leitwertgleichungen aus. Für das Teilzweitor 1 mögen die Gleichungen

$$I_1' = Y_{11}' U_1' + Y_{12}' U_2' \qquad (11.60)$$
$$I_2' = Y_{21}' U_1' + Y_{22}' U_2'$$

mit der Leitwertmatrix

$$\boldsymbol{Y}' = \begin{bmatrix} Y_{11}' & Y_{12}' \\ Y_{21}' & Y_{22}' \end{bmatrix}$$

gelten und für das Teilzweitor 2 die Gleichungen

$$I_1'' = Y_{11}'' U_1'' + Y_{12}'' U_2'' \qquad (11.61)$$
$$I_2'' = Y_{21}'' U_1'' + Y_{22}'' U_2''$$

mit der Leitmatrix

$$\boldsymbol{Y}'' = \begin{bmatrix} Y_{11}'' & Y_{12}'' \\ Y_{21}'' & Y_{22}'' \end{bmatrix}.$$

Für die Gesamtschaltung gelten dann wegen (11.58) und (11.59) die Gleichungen

$$I_1 = I_1' + I_1'' = (Y_{11}' + Y_{11}'') U_1 + (Y_{12}' + Y_{12}'') U_2 \qquad (11.62)$$
$$I_2 = I_2' + I_2'' = (Y_{21}' + Y_{21}'') U_1 + (Y_{22}' + Y_{22}'') U_2\,.$$

Das Ergebnis lautet also: Der Parallelschaltung zweier Zweitore nach Abb. 11.13 entspricht die Addition der Leitwertmatrizen beider Teile:

$$\boldsymbol{Y} = \boldsymbol{Y}' + \boldsymbol{Y}'' = \begin{bmatrix} (Y'_{11} + Y''_{11}) & (Y'_{12} + Y''_{12}) \\ (Y'_{21} + Y''_{21}) & (Y'_{22} + Y''_{22}) \end{bmatrix}. \tag{11.63}$$

Die Klemmenpaare zweier Zweitore können am Eingang und Ausgang auch verschieden zusammengestellt werden, d.h., zwei Tore

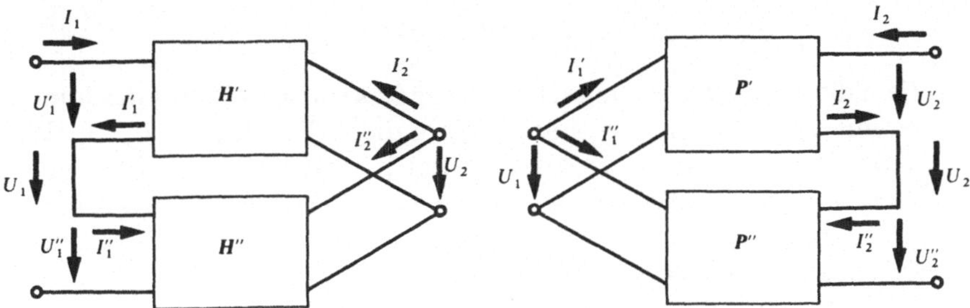

Abb. 11.14 Reihen-Parallel- und Parallel-Reihen-Schaltung

werden in Reihe und zwei Tore werden parallel geschaltet, wie es in Abb. 11.14 dargestellt ist. Dabei bezeichnet man die linke Schaltung als Reihen-Parallel-Schaltung und die rechte als Parallel-Reihen-Schaltung.

Im ersten Fall gilt

$$\begin{aligned} U_1 &= U'_1 + U''_1 \\ I_2 &= I'_2 + I''_2 \end{aligned} \tag{11.64}$$

und

$$\begin{aligned} I_1 &= I'_1 = I''_1 \\ U_2 &= U'_2 = U''_2. \end{aligned} \tag{11.65}$$

Um die Beziehungen (11.64) und (11.65) in einfacher Weise anwenden zu können, benötigen wir eine Darstellung der Zweitorgleichungen, in der U_1, I_2 in Abhängigkeit von U_2, I_1 angegeben sind. Das ist aber gerade die Form der Gleichungen mit der $\boldsymbol{H}$-Matrix. Für die weiteren Überlegungen möge deshalb für die beiden Teilzweitore gelten:

$$\begin{bmatrix} U'_1 \\ I'_2 \end{bmatrix} = \boldsymbol{H}' \cdot \begin{bmatrix} I'_1 \\ U'_2 \end{bmatrix}; \quad \begin{bmatrix} U''_1 \\ I''_2 \end{bmatrix} = \boldsymbol{H}'' \cdot \begin{bmatrix} I''_1 \\ U''_2 \end{bmatrix}.$$

Es wird dann mit (11.64) und (11.65)

$$\begin{bmatrix} U_1 \\ I_2 \end{bmatrix} = (\boldsymbol{H}' + \boldsymbol{H}'') \cdot \begin{bmatrix} I_1 \\ U_2 \end{bmatrix} = \boldsymbol{H} \cdot \begin{bmatrix} I_1 \\ U_2 \end{bmatrix}. \tag{11.66}$$

Das Ergebnis lautet also: Der Reihen-Parallel-Schaltung zweier Zweitore entspricht die Addition der Reihenparallel-Matrizen beider Teilzweitore. Damit ist auch die Bezeichnung dieser Matrizen erklärt.

Für die rechte Schaltung aus Abb. 11.14 gilt

$$\begin{aligned} I_1 &= I_1' + I_1'' \\ U_2 &= U_2' + U_2'' \end{aligned} \tag{11.67}$$

und

$$\begin{aligned} I_2 &= I_2' = I_2'' \\ U_1 &= U_1' = U_1'' . \end{aligned} \tag{11.68}$$

Hier läßt sich die Beziehung (11.67) besonders einfach auf die Gleichungen mit der $\boldsymbol{P}$-Matrix anwenden, weil in dieser Darstellung I_1, U_2 als Funktion von U_1, I_2 angegeben sind. Entsprechend zu den vorherigen Überlegungen erhalten wir das Ergebnis: Der Parallel-Reihen-Schaltung zweier Zweitore entspricht die Addition der Parallel-Reihen-Matrizen beider Teilzweitore.

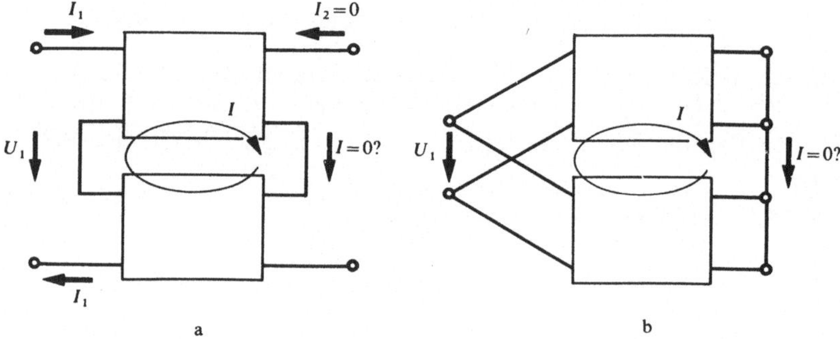

Abb. 11.15 Schaltungen zum Prüfen auf unzulässige Kreisströme am rechten Tor

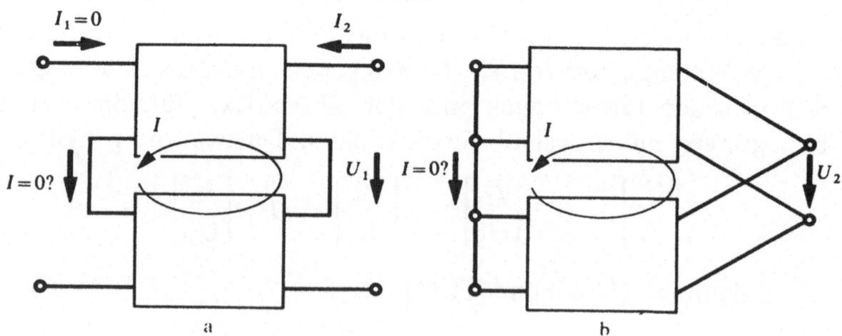

Abb. 11.16 Schaltungen zum Prüfen auf unzulässige Kreisströme am linken Tor

Wir haben bei allen bisher angegebenen Zusammenschaltungen vorausgesetzt, daß die Klemmenströme an jedem Tor der Teilzweitore auch nach der Zusammenschaltung entgegengesetzt gleich sind, und zwar für alle Betriebszustände des Gesamt-Zweitores. Da diese Voraussetzungen bei beliebigem inneren Aufbau der Teilzweitore nicht automatisch erfüllt sind, benötigt man eine Meßvorschrift, nach der man prüfen kann, ob an allen Teiltoren die Klemmenströme entgegengesetzt gleich sind, wie es für ein Zweitor gefordert wird. Ist die Bedingung an einem Tor verletzt, dann ist sie wegen der Kirchhoffschen Knotengleichungen auch an den übrigen Toren verletzt. Man kann sich die Abweichung durch einen Kreisstrom erzeugt denken, der sich zu den Torströmen addiert (siehe Abb. 11.15), und hat zu prüfen, ob ein solcher Kreisstrom für irgendwelche Werte der Ströme oder Spannungen an den äußeren Toren fließen kann. Wegen des linearen Zusammenhangs zwischen Strömen und Spannungen genügt es, das Verschwinden des Kreisstroms für nur zwei verschiedene Betriebszustände zu prüfen. Zweckmäßig tut man das an einer Stelle, an der außer dem Kreisstrom kein anderer Strom fließt. Das ist z.B. bei Speisung des Gesamtzweitors am linken Klemmenpaar die in Abb. 11.15 rechts dargestellte Verbindung zwischen den beiden Teilzweitoren. Hier darf bei der rechtsseitigen Reihenschaltung im rechtsseitigen Leerlauf, bei der Parallelschaltung im rechtsseitigen Kurzschluß kein Strom fließen. Nur wenn bei zwei solchen Messungen, also nach Abb. 11.15 bei Speisung mit U_1 und nach Abb. 11.16 bei Speisung mit U_2 kein Kreisstrom auftritt, wird die Reihen- bzw. Parallelschaltung durch die Addition der betreffenden Matrizen richtig beschrieben. Das ist z.B. der Fall bei der Addition der Widerstandsmatrizen der beiden Zweitore von Abb. 11.9.

$$Z = \begin{bmatrix} R_1 + R & R \\ R & R_2 + R \end{bmatrix}$$

Abb. 11.17 T-Schaltung, entstanden aus der Reihenschaltung der beiden Zweitore von Abb. 11.9

Sie liefert die Widerstandsmatrix der in Abb. 11.17 dargestellten T-Schaltung. Ebenso liefert die Addition der Leitwertmatrizen der Schaltungen von Abb. 11.10 die Leitwertmatrix der Π-Schaltungen in Abb. 11.18.

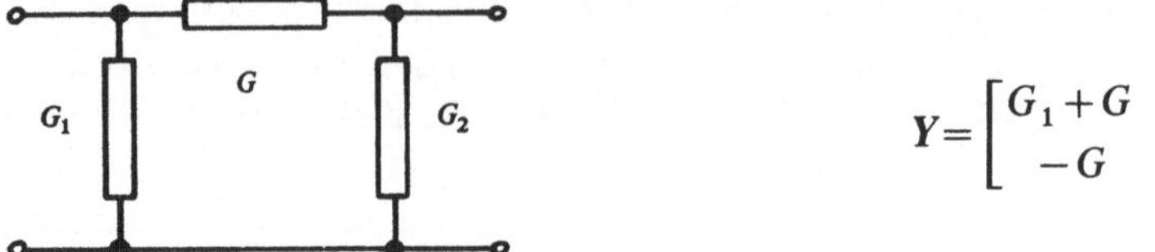

$$Y = \begin{bmatrix} G_1 + G & -G \\ -G & G_2 + G \end{bmatrix}$$

Abb. 11.18 Π-Schaltung, entstanden aus der Parallelschaltung der beiden Zweitore von Abb. 11.10

Die häufig vorkommenden Zweitore mit einseitig durchgehender unmittelbarer Verbindung wie in Abb. 11.9 und 11.10 werden bei der Reihen- bzw. Parallelschaltung durch Addition der Widerstands- bzw. Leitwertmatrizen richtig beschrieben, wenn dabei die durchgehenden Verbindungen zu einem Ring zusammengefügt werden. Sie müssen also bei der Reihenschaltung an den mittleren, bei der Parallelschaltung an den unteren Klemmen liegen.

Ein Schaltungsbeispiel, bei dem die Addition der Leitwertmatrizen nicht zum richtigen Ergebnis führt, zeigt Abb. 11.19. In jedem Teilzweitor sind Eingang und Ausgang jeweils über zwei Widerstände miteinander verbunden.

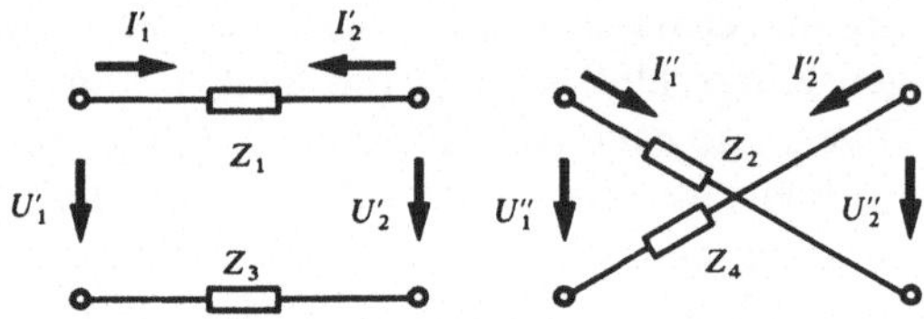

Abb. 11.19 Beispiel zweier Zweitore, deren Parallelschaltung nicht durch Addition der Leitwertmatrizen beschrieben werden kann

Für das linke Teilzweitor gilt

$$I_1' = (U_1' - U_2') \cdot 1/(Z_1 + Z_3) = \quad 1/(Z_1 + Z_3)\, U_1' - 1/(Z_1 + Z_3)\, U_2'$$

$$I_2' = (U_2' - U_1') \cdot 1/(Z_1 + Z_3) = -1/(Z_1 + Z_3)\, U_1' + 1/(Z_1 + Z_3)\, U_2'$$

mit

$$Y' = \begin{bmatrix} 1/(Z_1 + Z_3) & -1/(Z_1 + Z_3) \\ -1/(Z_1 + Z_3) & 1/(Z_1 + Z_3) \end{bmatrix}.$$

Das rechte Zweitor geht aus dem linken hervor, indem man $U_1'' = U_1'$, $I_1'' = I_1'$, $U_2'' = -U_2'$ und $I_2'' = -I_2'$ setzt und $Z_1 + Z_3$ mit $Z_2 + Z_4$ vertauscht. Es wird dann

$$Y'' = \begin{bmatrix} 1/(Z_2 + Z_4) & 1/(Z_2 + Z_4) \\ 1/(Z_2 + Z_4) & 1/(Z_2 + Z_4) \end{bmatrix}.$$

Zur Prüfung schalten wir die Zweitore nach Abb. 11.20 parallel und berechnen die den Kreisstrom verursachende Spannung U zwischen den rechten Toren.

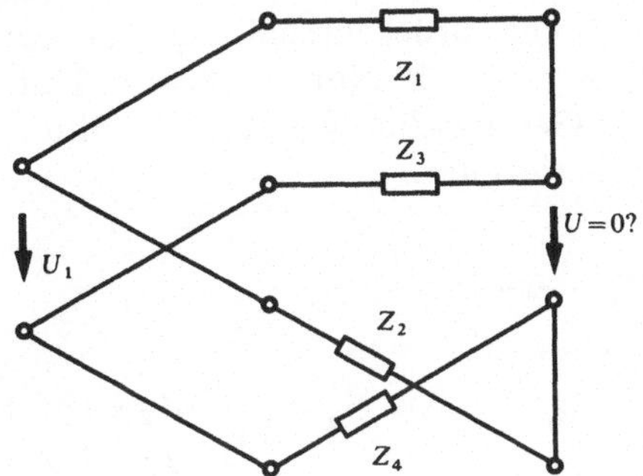

Abb. 11.20 Prüfung auf zulässige Parallelschaltung

Es gilt

$$U = U_1 \left(\frac{Z_3}{Z_1 + Z_3} - \frac{Z_4}{Z_2 + Z_4} \right).$$

Die Bedingung $U=0$ ist für

$$\frac{Z_3}{Z_1 + Z_3} - \frac{Z_4}{Z_2 + Z_4} = 0$$

oder für

$$\frac{Z_3}{Z_1} = \frac{Z_4}{Z_2}$$

erfüllt.

Entsprechend ermitteln wir aus der Meßschaltung für die umgekehrte Betriebsrichtung:

$$U = U_2 \left(\frac{Z_3}{Z_1 + Z_3} - \frac{Z_2}{Z_2 + Z_4} \right).$$

Hier ist $U=0$ für

$$\frac{Z_3}{Z_1} = \frac{Z_2}{Z_4}$$

erfüllt. Wir erhalten aus diesen beiden Ergebnissen die Bedingung

$$\frac{Z_1}{Z_3} = \frac{Z_3}{Z_1} = \frac{Z_4}{Z_2} = \frac{Z_2}{Z_4}$$

oder

$$Z_1 = Z_3 \quad \text{und} \quad Z_2 = Z_4 .$$

Wenn beide Bedingungen erfüllt sind, ergibt die Parallelschaltung die bekannte symmetrische Brückenschaltung mit paarweise gleichen Elementen nach Abb. 11.21. Nur in diesem Fall erhält man die Leitwertmatrix der Gesamtschaltung durch Addition der Leitwertmatrizen der beiden Teilzweitore.

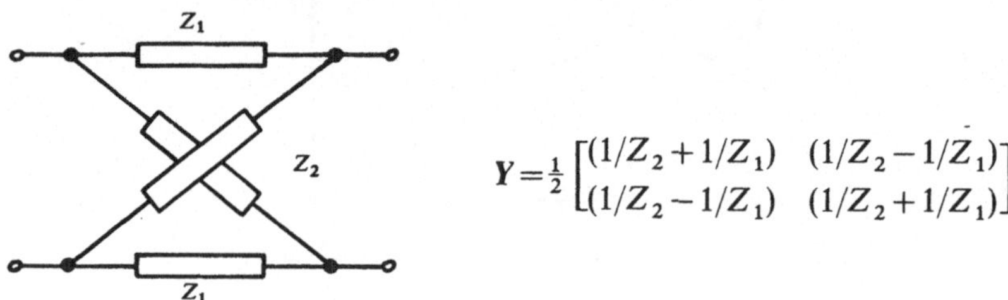

Abb. 11.21 Symmetrische Brückenschaltung oder X-Schaltung

Entsprechende Prüfungen hat man bei der Reihen-Parallelschaltung und der Parallel-Reihenschaltung nach Abb. 11.14 vorzunehmen, nur muß man hier für die beiden Richtungen verschiedene Prüfschaltungen benutzen.

Die wichtigste und am häufigsten vorkommende Art der Zusammenschaltung von Zweitoren ist die in Abb. 11.22 dargestellte Kettenschaltung.

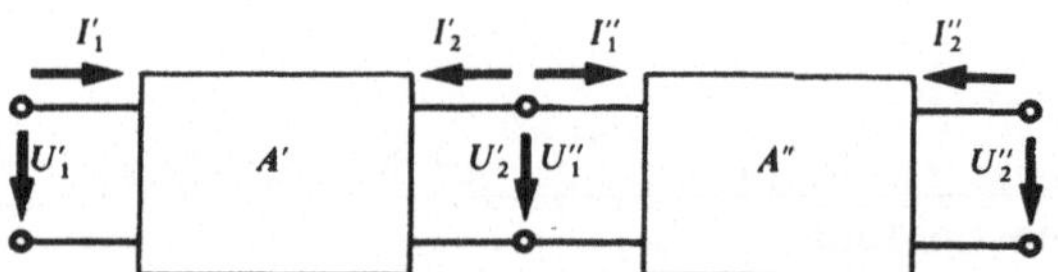

Abb. 11.22 Kettenschaltung zweier Zweitore

Es gilt dann

$$U'_2 = U''_1 \qquad -I'_2 = I''_1. \tag{11.69}$$

Zur Beschreibung des Gesamtzweitors bieten sich hier die Kettengleichungen an. Dabei gelte für das linke Zweitor

$$\begin{aligned} U'_1 &= A'_{11}\, U'_2 + A'_{12}(-I'_2) \\ I'_1 &= A'_{21}\, U'_2 + A'_{22}(-I'_2) \end{aligned} \tag{11.70}$$

oder abgekürzt

$$\begin{bmatrix} U_1' \\ I_1' \end{bmatrix} = A' \cdot \begin{bmatrix} U_2' \\ -I_2' \end{bmatrix} \tag{11.71}$$

und für das rechte

$$\begin{aligned} U_1'' &= A_{11}'' U_2'' + A_{12}''(-I_2'') \\ I_1'' &= A_{21}'' U_2'' + A_{22}''(-I_2'') \end{aligned} \tag{11.72}$$

oder

$$\begin{bmatrix} U_1'' \\ I_1'' \end{bmatrix} = A'' \cdot \begin{bmatrix} U_2'' \\ -I_2'' \end{bmatrix}. \tag{11.73}$$

Die Kettengleichungen des Gesamtzweitors ergeben sich aus den Gleichungen (11.70) und (11.72), indem man zusammen mit (11.69) die Größen U_2', I_2', U_2'', I_1'' eliminiert:

$$\begin{aligned} U_1' &= (A_{11}' A_{11}'' + A_{12}' A_{21}'') U_2'' + (A_{11}' A_{12}'' + A_{12}' A_{22}'')(-I_2'') \\ I_1' &= (A_{21}' A_{11}'' + A_{22}' A_{21}'') U_2'' + (A_{21}' A_{12}'' + A_{22}' A_{22}'')(-I_2'') \end{aligned} \tag{11.74}$$

oder

$$\begin{bmatrix} U_1' \\ I_1' \end{bmatrix} = A \cdot \begin{bmatrix} U_2'' \\ -I_2'' \end{bmatrix}. \tag{11.75}$$

Dasselbe Ergebnis erhalten wir einfacher mit Hilfe der Matrizenrechnung. Wegen (11.69) ist

$$\begin{bmatrix} U_2' \\ -I_2' \end{bmatrix} = \begin{bmatrix} U_1'' \\ I_1'' \end{bmatrix}.$$

Damit ergibt sich aus (11.71) und (11.73) die Gleichung

$$\begin{bmatrix} U_1' \\ I_1' \end{bmatrix} = A' \begin{bmatrix} U_1'' \\ I_1'' \end{bmatrix} = A' \cdot A'' \begin{bmatrix} U_2'' \\ -I_2'' \end{bmatrix} = A \cdot \begin{bmatrix} U_2'' \\ -I_2'' \end{bmatrix} \tag{11.75}$$

mit der Kettenmatrix A des Gesamtzweitors:

$$A = A' \cdot A''. \tag{11.76}$$

Der Kettenschaltung zweier Zweitore entspricht also die Multiplikation der Kettenmatrizen der Teilzweitore. Dabei stimmt die Reihenfolge der Faktoren und der Teilzweitore überein. Die Faktoren dürfen nicht miteinander vertauscht werden, weil im allgemeinen $A' \cdot A'' \neq A'' \cdot A'$ ist.

11.6 Die Transformationseigenschaften linearer Zweitore

Wir wollen nun die Betriebseigenschaften von Zweitoren studieren und beginnen mit der Impedanztransformation, d.h., wir berechnen die Eingangsimpedanz an einem Tor in Abhängigkeit von der Impedanz

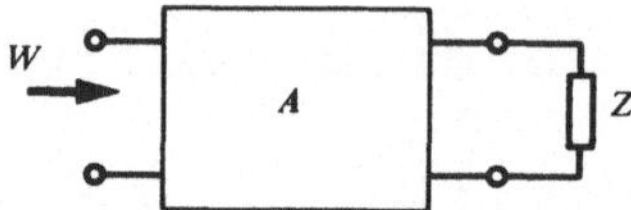

Abb. 11.25 Impedanztransformation durch ein Zweitor

des Abschlußwiderstandes am anderen Tor. Um Indizes zu sparen, bezeichnen wir alle Impedanzen am linken Tor mit W und am rechten Tor mit Z, wie es in Abb. 11.25 angegeben ist.

Die Eingangsimpedanz $W = U_1/I_1$ am linken Tor läßt sich aus den Kettengleichungen

$$U_1 = A_{11}U_2 + A_{12}(-I_2)$$
$$I_1 = A_{21}U_2 + A_{22}(-I_2)$$

in der Form

$$\frac{U_1}{I_1} = W = \frac{A_{11}U_2 + A_{12}(-I_2)}{A_{21}U_2 + A_{22}(-I_2)} \tag{11.80}$$

darstellen. Mit der Impedanz $Z = U_2/(-I_2)$ des Abschlußwiderstandes erhalten wir hieraus:

$$W = \frac{A_{11}Z + A_{12}}{A_{21}Z + A_{22}} \tag{11.81}$$

oder

$$W = \frac{A_{11}}{A_{21}} + \frac{A_{12} - A_{11}A_{22}/A_{21}}{A_{21}Z + A_{22}}$$

$$W = \frac{A_{11}}{A_{21}} - \frac{\det\{A\}}{A_{21}(A_{21}Z + A_{22})}.$$

Die Koeffizienten der Kettenmatrix sind im allgemeinen komplexe, frequenzabhängige Größen. Halten wir die Frequenz fest, dann ist W eine lineare Funktion von Z, oder anders ausgedrückt: Gleichung (11.81) stellt eine lineare Abbildung von Z auf die W-Ebene dar. Jedem Wert Z ist ein Wert W eindeutig zugeordnet, sofern $\det\{A\} \neq 0$ ist. Die Gesetzmäßigkeiten der linearen Abbildung einer komplexen Veränderlichen

Z auf eine andere Größe W werden in der Funktionentheorie untersucht. Dort wird gezeigt, daß für die lineare Abbildung die Kreisverwandtschaft gilt, d.h., durchläuft Z in der komplexen Ebene einen Kreis oder eine Gerade als Grenzfall eines Kreises, dann liegen auch alle Werte von W auf einem Kreis in der komplexen Ebene. Diese Kreisverwandtschaft haben wir schon im Abschnitt 10.7 bei einem Spezialfall der linearen Abbildung, nämlich der Inversion, kennengelernt. Die Kreisverwandtschaft erleichtert die Übersicht über die Abbildungseigenschaften wesentlich. Sie ermöglicht es beispielsweise, die Abbildung eines Netzes von kartesischen oder Polarkoordinaten der Z-Ebene durch ein gegebenes Zweitor relativ schnell zu untersuchen.

Wir wollen nun versuchen, eine möglichst übersichtliche Darstellung der Abbildungseigenschaften zu erhalten und schreiben dazu Gleichung (11.81) zunächst für ein Paar variabler Werte W, Z, anschließend für ein Paar fester, aber beliebig wählbarer Werte W_1, Z_1 an und subtrahieren beide Gleichungen voneinander:

$$\begin{aligned} W-W_1 &= \frac{A_{11}Z+A_{12}}{A_{21}Z+A_{22}} - \frac{A_{11}Z_1+A_{12}}{A_{21}Z_1+A_{22}} \\ &= \frac{(A_{11}A_{22}-A_{12}A_{21})(Z-Z_1)}{(A_{21}Z+A_{22})(A_{21}Z_1+A_{22})} \\ &= \frac{\det\{A\}(Z-Z_1)}{(A_{21}Z+A_{22})(A_{21}Z_1+A_{22})} \end{aligned} \tag{11.82}$$

Danach wiederholen wir diese Operation für die Paare W, Z und W_2, Z_2 und dividieren beide Gleichungen durcheinander; das ergibt

$$\frac{W-W_1}{W-W_2} = \frac{A_{21}Z_2+A_{22}}{A_{21}Z_1+A_{22}} \cdot \frac{Z-Z_1}{Z-Z_2}. \tag{11.83}$$

Für die transformierte Größe

$$\frac{Z-Z_1}{Z-Z_2}$$

der Impedanz Z gilt also ein besonders einfaches Gesetz. Sie ergibt mit einem Faktor multipliziert die entsprechende Größe von W. Dabei repräsentiert der Faktor die Eigenschaften des Zweitors.

Aus Gleichung (11.83) können wir leicht eine Beziehung gewinnen, die von den Eigenschaften des transformierenden Zweitors überhaupt unabhängig ist. Wir ersetzen dazu in Gleichung (11.83) W und Z einmal durch W_3, Z_3 und das andere Mal durch W_4, Z_4 und dividieren anschließend die beiden Gleichungen durcheinander. Dabei fallen die nur mit Z_1 und Z_2 verkoppelten Zweitoreigenschaften heraus, und es ergibt sich

$$\frac{W_4-W_2}{W_4-W_1}\cdot\frac{W_3-W_1}{W_3-W_2}=\frac{Z_4-Z_2}{Z_4-Z_1}\,\frac{Z_3-Z_1}{Z_3-Z_2}.$$

Das aus den vier Werten $Z_1 \dots Z_4$ gebildete „Doppelverhältnis" ist also gegenüber der linearen Abbildung invariant. In der Mathematik wird gezeigt, daß aus der Invarianz des Doppelverhältnisses unmittelbar die weiter oben erwähnte Kreisverwandtschaft folgt.

Wir kehren nun zur Gleichung (11.83) zurück und suchen nach Wertepaaren Z_1, W_1 und Z_2, W_2, die für das Zweitor charakteristisch sind. Da die beiden Tore im allgemeinen unterschiedliche Eigenschaften aufweisen, ist es naheliegend, jedem Klemmenpaar eine charakteristische Impedanz zuzuordnen und sie so zu wählen, wie es in Abb. 11.26 dargestellt ist.

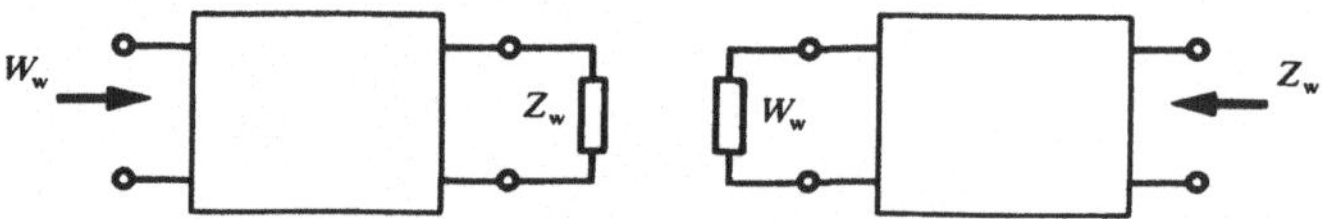

Abb. 11.26 Definition der beiden Wellenwiderstände W_w und Z_w

Am linken Tor soll die Impedanz W_w erscheinen, wenn am rechten Tor ein Widerstand mit der Impedanz Z_w angeschlossen ist, umgekehrt soll am rechten Tor Z_w gemessen werden, wenn links W_w angeschlossen ist. In Formeln ausgedrückt, lautet die erste Bedingung nach Gleichung (11.81)

$$W_w=\frac{A_{11}Z_w+A_{12}}{A_{21}Z_w+A_{22}} \tag{11.85}$$

und die zweite Bedingung für die umgekehrte Richtung

$$Z_w=\frac{A_{22}W_w+A_{12}}{A_{21}W_w+A_{11}}, \tag{11.86}$$

weil das Umkehren der Betriebsrichtung nach den Überlegungen des Abschnittes 11.4 nur ein Vertauschen von A_{11} mit A_{22} in (11.86) bewirkt.

Zur Auflösung dieser beiden Gleichungen beseitigen wir zuerst die Nenner:

$$W_wZ_wA_{21}+W_wA_{22}-Z_wA_{11}-A_{12}=0$$
$$W_wZ_wA_{21}-W_wA_{22}+Z_wA_{11}-A_{12}=0.$$

Durch Addieren und Subtrahieren entstehen hieraus die Gleichungen

$$W_w Z_w = \frac{A_{12}}{A_{21}}, \quad \frac{W_w}{Z_w} = \frac{A_{11}}{A_{22}}$$

und schließlich

$$W_w = \pm\sqrt{\frac{A_{11}A_{12}}{A_{21}A_{22}}}, \quad Z_w = \pm\sqrt{\frac{A_{22}A_{12}}{A_{21}A_{11}}}. \qquad (11.87)$$

Für jede der charakteristischen Impedanzen ergeben sich zwei entgegengesetzt gleiche, im allgemeinen komplexe Werte. Man nennt sie die Wellenwiderstände des Zweitors und vereinbart, daß dem Wert $+W_w$ bzw. $+Z_w$ jeweils der Wurzelwert mit dem positiven Realteil – soweit vorhanden – zuzuordnen ist.

Die Gleichungen (11.87) liefern zugleich eine einfache Meßvorschrift für die Bestimmung des Wellenwiderstandes; denn aus Gleichung (11.81) ergeben sich sofort für $Z=0$ und $Z=\infty$ die Leerlauf- und Kurzschluß-Impedanzen, gemessen am linken Tor

$$W_k = \frac{A_{12}}{A_{22}}, \quad W_l = \frac{A_{11}}{A_{21}}.$$

Entsprechend erhalten wir für die umgekehrte Betriebsrichtung mit $W=0$ und $W=\infty$ die Leerlauf- und Kurzschluß-Impedanzen, gemessen am rechten Tor

$$Z_k = \frac{A_{12}}{A_{11}}, \quad Z_l = \frac{A_{22}}{A_{21}}.$$

Damit wird

$$W_w = \sqrt{W_l \cdot W_k} \quad Z_w = \sqrt{Z_l \cdot Z_k}. \qquad (11.88)$$

Der Wellenwiderstand ist also das geometrische Mittel aus Kurzschluß- und Leerlauf-Impedanz an dem betreffenden Tor. Die Wellenwiderstände $\pm Z_w$ und $\pm W_w$ führen wir nun in die Transformationsgleichung (11.83) ein und setzen

$$Z_1 = Z_w \qquad W_1 = W_w$$
$$Z_2 = -Z_w \qquad W_2 = -W_w.$$

Dann wird nach Beseitigung der Brüche

$$\frac{A_{22}+A_{21}Z_2}{A_{22}+A_{21}Z_1} = \frac{\sqrt{A_{11}A_{22}}-\sqrt{A_{12}A_{21}}}{\sqrt{A_{11}A_{22}}+\sqrt{A_{12}A_{21}}},$$

und Gleichung (11.83) erhält die Form

$$\frac{W-W_w}{W+W_w}=\frac{\sqrt{A_{11}A_{22}}-\sqrt{A_{12}A_{21}}}{\sqrt{A_{11}A_{22}}+\sqrt{A_{12}A_{21}}}\cdot\frac{Z-Z_w}{Z+Z_w}, \tag{11.89}$$

die man auch als Fehlersatz der Wellenwiderstände bezeichnet. Er stellt eine sehr einfache und übersichtliche Form der Transformationsgleichungen dar, weil die Impedanzen Z und W nur mit jeweils einer charakteristischen Impedanz verknüpft werden, nämlich mit dem zu dem jeweiligen Tor gehörenden Wellenwiderstand. Die beiden Größen

$$\frac{W-W_w}{W+W_w}=r_1 \tag{11.90}$$

$$\frac{Z-Z_w}{Z+Z_w}=r_2 \tag{11.91}$$

sind eine sehr zweckmäßige Form zur Darstellung beliebiger Impedanzen Z und W, weil die allein vorkommenden Impedanzwerte mit positivem Realteil auf endliche Werte von r_2 und r_1 abgebildet werden. Für den Sonderfall reeller Wellenwiderstände stellen (11.90) und (11.91) Abbildungen der rechten Halbebene der komplexen Impedanzen auf das Innere des Einheitskreises dar.

Wir betrachten nun die komplexe Konstante in (11.89), die die Transformationseigenschaften des Zweitors beschreibt, etwas genauer und zeigen zunächst, daß ihr Betrag nicht größer als eins ist. Dazu schreiben wir sie in der Form

$$\frac{A_{22}-Z_w\cdot A_{21}}{A_{22}+Z_w\cdot A_{21}}=\frac{1-Z_w\cdot A_{21}/A_{22}}{1+Z_w\cdot A_{21}/A_{22}}=\frac{1-Z_w/Z_2}{1+Z_w/Z_2}. \tag{11.92}$$

Vereinbarungsgemäß erhält Z_w den Wurzelwert mit dem positiven Realteil. Wenn Kurzschluß- und Leerlaufimpedanz in der Form

$$Z_k=|Z_k|\,e^{j\varphi_k} \qquad Z_l=|Z_l|\,e^{j\varphi_l}$$

dargestellt sind, haben wir also

$$Z_w=+\sqrt{|Z_k|\cdot|Z_l|}\,e^{j(\varphi_k+\varphi_l)/2}$$

zu setzen. Da die Realteile von Z_k und Z_l nicht negativ sind, liegen die Winkel φ_k und φ_l in dem Intervall

$$-\frac{\pi}{2}<\varphi_k,\varphi_l<+\frac{\pi}{2}.$$

Das gleiche gilt dann auch für $(\varphi_k+\varphi_l)/2$ und ebenso für $(\varphi_k-\varphi_l)/2$. Demnach hat auch

$$Z_w/Z_l = +\sqrt{|Z_k|/|Z_l|}\, e^{j(\varphi_k-\varphi_l)/2}$$

einen nicht negativen Realteil. Damit ist gesichert, daß der Betrag von (11.92) nicht größer als eins wird: denn der Realteil des Zählers besteht aus der Differenz, der Realteil des Nenners aus der Summe zweier nicht negativer Zahlen, während die Imaginärteile von Zähler und Nenner übereinstimmen.

Zur weiteren Veranschaulichung der Transformationseigenschaften gehen wir von der Schreibweise der Konstanten in Gleichung (11.89) aus und bringen sie durch Erweitern mit $(\sqrt{A_{11}A_{22}}+\sqrt{A_{12}A_{21}})$ in die Form

$$\frac{\sqrt{A_{11}A_{22}}-\sqrt{A_{12}A_{21}}}{\sqrt{A_{11}A_{22}}+\sqrt{A_{12}A_{21}}}=\frac{A_{11}A_{22}-A_{12}A_{21}}{\sqrt{A_{11}A_{22}}+\sqrt{A_{12}A_{21}}}\cdot\frac{1}{\sqrt{A_{11}A_{22}}+\sqrt{A_{12}A_{21}}},$$

in der sie als Produkt zweier Größen erscheint, die wir mit Rücksicht auf eine spätere Interpretation mit $e^{g'}$ und $e^{g''}$ bezeichnen. Wir schreiben also

$$\sqrt{A_{11}A_{22}}+\sqrt{A_{12}A_{21}}=e^{g'} \tag{11.93}$$

$$\frac{\sqrt{A_{11}A_{22}}+\sqrt{A_{12}A_{21}}}{\det\{A\}}=e^{g''}. \tag{11.94}$$

Die beiden Größen unterscheiden sich nur durch den Faktor $\det\{A\}$, der, wie wir wissen, zusammen mit der Vertauschung von A_{11} und A_{22} nach Gleichung (11.41) die Umkehr der Betriebsrichtung des Zweitors beschreibt. Mit diesen Größen erhält der Fehlersatz die noch einfachere Form

$$r_1 = e^{-(g'+g'')}\cdot r_2,$$

aus der wir sehen, daß bei der Widerstandstransformation durch ein Zweitor beide Betriebsrichtungen wirksam sind. Mit einem mittleren Wert $g=(g'+g'')/2$ können wir deshalb auch

$$r_1 = e^{-2g}\cdot r_2 \tag{11.95}$$

schreiben. Für übertragungssymmetrische Zweitore, bei denen $\det\{A\}=1$ ist, wird $g'=g''=g$.

Um die Abbildung von r_2 auf r_1 genauer zu untersuchen, zerlegen wir e^{-2g} nach Betrag und Winkel und schreiben dazu

$$g = a + jb. \tag{11.98}$$

Dann wird

$$r_1 = e^{-2a} \cdot e^{-j2b} \cdot r_2 \tag{11.99}$$

und

$$|r_1| = e^{-2a} \cdot |r_2|$$

oder

$$-\ln|r_1| = 2a - \ln|r_2|. \tag{11.100}$$

Für die Winkel gilt

$$\sphericalangle r_1 = \sphericalangle r_2 - 2b. \tag{11.101}$$

Die Abbildung von r_2 auf r_1 besteht also aus einer Drehung um den Winkel $-2b$ und einer Schrumpfung um den Faktor e^{2a}. Das bedeutet: die Schar der konzentrischen Kreise um den Nullpunkt und die Schar der Geraden durch den Nullpunkt bleiben bei der Abbildung als Ganzes erhalten.

Besonders einfach werden die Verhältnisse, wenn

entweder der Fall $a=0$ (reine Drehung)
oder der Fall $b=0$ (reine Schrumpfung)

vorliegt. Einer von beiden Fällen tritt immer ein, wenn das Zweitor nur verlustfreie Elemente enthält. Dann sind die Kurzschluß- und Leerlaufimpedanzen imaginär; infolgedessen werden beide Wellenwiderstände W_w und Z_w je nach dem Vorzeichen der Kurzschluß- und Leerlaufimpedanzen entweder reell oder imaginär, und zwar reell, wenn Kurzschluß- und Leerlaufimpedanz verschiedenes Vorzeichen haben, imaginär, wenn sie gleiches Vorzeichen haben. Im erstgenannten Fall ist der Quotient Z_w/Z_1 imaginär, die Konstante

$$e^{-2g} = \frac{1 - Z_w/Z_1}{1 + Z_w/Z_1}$$

hat den Betrag eins, also ist g imaginär. Im zweiten Fall ist Z_w/Z_1 reell, also ist auch g reell.

Z_w und W_w sind jeweils beide reell oder imaginär, denn es gilt allgemein

$$Z_w/Z_1 = W_w/W_1 \qquad Z_k/Z_1 = W_k/W_1. \tag{11.102}$$

Das ergibt sich unmittelbar, wenn man die Quotienten durch die Elemente der Kettenmatrix ausdrückt.

Es gehören also zusammen:

$$W_w, Z_w \text{ reell} \leftrightarrow g \text{ imaginär}$$
$$W_w, Z_w \text{ imaginär} \leftrightarrow g \text{ reell}.$$

Wir kehren nun von den transformierten Größen r_1, r_2 wieder zu den Impedanzen W, Z zurück und fragen, wie die Kreis- und Geradenscharen der r_1- und r_2-Ebene durch die Transformationsgleichungen

$$r_1 = \frac{W - W_w}{W + W_w} \tag{11.90}$$

und

$$r_2 = \frac{Z - Z_w}{Z + Z_w} \tag{11.91}$$

auf die W- bzw. Z-Ebene abgebildet werden. Wegen der Kreisverwandtschaft müssen das ebenfalls Kreisscharen sein. Bei den weiteren Überlegungen beschränken wir uns auf die Transformation (11.91), weil beide Gleichungen bis auf die Konstanten Z_w und W_w identisch sind.

Wir beginnen mit der Abbildung der Geradenschar durch den Nullpunkt der r_2-Ebene ($\sphericalangle r_2 = \text{const.}$). Da der Punkt $r_2 = 0$ auf $Z = Z_w$ und der Punkt $r_2 = \infty$ auf $Z = -Z_w$ abgebildet wird, entspricht der Geradenschar durch den Nullpunkt der r_2-Ebene die Schar der Kreise durch $+Z_w$ und $-Z_w$. Es liegt nahe, diese Kreise mit dem Wert $\sphericalangle r_2$ zu markieren. Für die Schar der Kreise um den Nullpunkt der r_2-Ebene gilt

$$|r_2| = \left|\frac{Z - Z_w}{Z + Z_w}\right| = \text{const.}$$

Durch diese Gleichung wird aber gerade die Schar der Apolloniuskreise um $\pm Z_w$ festgelegt, von denen in Abb. 11.27 einige eingezeichnet sind. Gleichung (11.100) legt es nahe, diese Kreise mit dem Wert $-\ln|r_2|$ zu markieren. Bei einem widerstandssymmetrischen Zweitor ($Z_w = W_w$) sind die linearen Transformationen (11.90) und (11.91) gleich. Man kann dann die Impedanztransformation, also die Abbildung von Z auf W auch unmittelbar auf der Schar der Apolloniuskreise verfolgen. Jeder Punkt der Z-Ebene wird in diesem Fall wegen Gleichung (11.99) auf einen um $2a$ und $2b$ höher bezifferten Kreis transformiert. Man kann sich die Abbildung als eine wirbelartige Bewegung vorstellen, die vom Punkt $-Z_w$ ausgeht und im Punkt $+Z_w$ endet (Abb. 11.27).

Da die Abbildung von r_1 auf r_2 nach Gleichung (11.95) soviel einfacher ist als die unmittelbare Impedanztransformation von W auf Z, lohnt es sich fast immer, zunächst auf die r-Ebene überzugehen und dazu

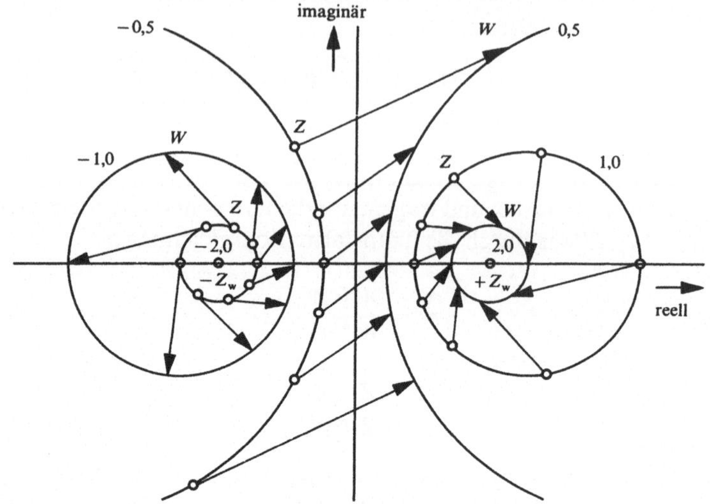

Abb. 11.27 Impedanztransformation durch ein widerstandssymmetrisches Zweitor mit reellen Wellenwiderständen

einmal mit Gleichung (11.91) ein Koordinatennetz der Z-Ebene auf die r-Ebene abzubilden. Diesen Weg geht man vor allem in der Hochfrequenztechnik, in der die meisten Zweitore als verlustfrei angesehen werden können, so daß die Abbildung von r_1 auf r_2 besonders einfach wird.

11.7 Das Betriebsverhalten linearer Zweitore

Passive Zweitore werden gewöhnlich zwischen einen aktiven Zweipol (Generator) und einen passiven Zweipol (Verbraucher) geschaltet. Dabei interessiert vor allem das Verhältnis der Spannungen und Ströme am Generator und Verbraucher. Wir wollen dieses Verhältnis für verschiedene Betriebsfälle berechnen und benutzen dabei zur Beschreibung der Zweitoreigenschaften die Kettengleichungen:

$$\begin{aligned} U_1 &= A_{11}\, U_2 + A_{12}(-I_2) \\ I_1 &= A_{21}\, U_2 + A_{22}(-I_2). \end{aligned} \qquad (11.28)$$

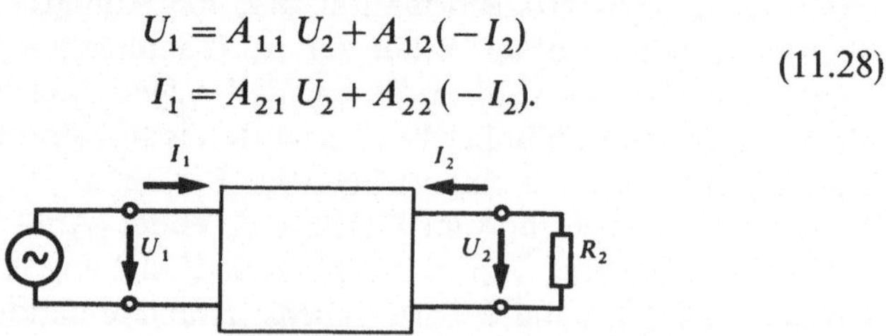

Abb. 11.30 Zweitor, gespeist aus einer Spannungsquelle

Wird das Zweitor nach Abb. 11.30 von einem Generator mit konstanter Spannung U_1 gespeist, dann ergibt sich aus

$$U_1 = A_{11} U_2 + A_{12}(-I_2)$$

mit

$$U_2 = -R_2 I_2$$

$$\frac{U_1}{U_2} = A_{11} + \frac{A_{12}}{R_2}. \tag{11.110}$$

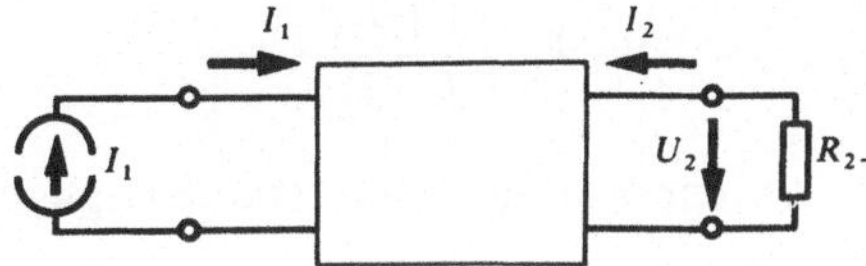

Abb. 11.31 Zweitor, gespeist aus einer Stromquelle

Wird das Zweitor dagegen nach Abb. 11.31 von einem Generator mit konstantem Strom I_1 gespeist, dann ergibt sich aus

$$I_1 = A_{21} U_2 + A_{22}(-I_2)$$

und

$$U_2 = -R_2 I_2$$

die Beziehung

$$\frac{I_1}{-I_2} = A_{21} R_2 + A_{22}. \tag{11.111}$$

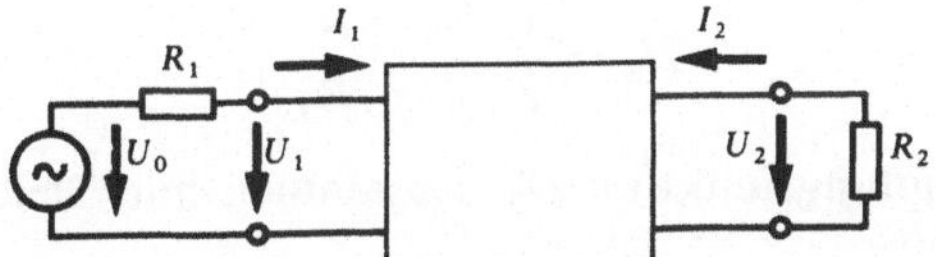

Abb. 11.32 Zweitor zwischen Generator und Verbraucher mit beliebigen Impedanzen

Im allgemeinen Fall hat der Generator einen Innenwiderstand R_1. Es gilt dann für eine Schaltung nach Abb. 11.32

$$U_0 = U_1 + I_1 R_1$$

und

$$U_2 = -R_2 I_2.$$

Zusammen mit den Kettengleichungen (11.28) ergibt sich hieraus für das Spannungsverhältnis U_0/U_2

$$\frac{U_0}{U_2} = A_{11} + \frac{1}{R_2} A_{12} + R_1 A_{21} + \frac{R_1}{R_2} A_{22}\,. \tag{11.112}$$

Es ist vorteilhaft, dieses Verhältnis derart mit einem Faktor zu multiplizieren, daß sein Betrag den Wert eins annimmt, wenn die vom Zweitor an den Verbraucherwiderstand abgegebene Leistung

$$P_2 = \frac{1}{2} \frac{|U_2|^2}{R_2}$$

der maximalen, dem Generator bei Widerstandsanpassung entnehmbaren Leistung

$$P_{\max} = \frac{1}{8} \frac{|U_0|^2}{R_1} \tag{11.17}$$

gleich ist. Also gilt

$$\frac{P_{\max}}{P_2} = \frac{1}{4} \frac{|U_0|^2 R_2}{|U_2|^2 R_1} = \left(\frac{1}{2} \frac{|U_0|}{|U_2|}\right)^2 \frac{R_2}{R_1}\,. \tag{11.114}$$

Dieses Verhältnis kann für ein Zweitor aus passiven Elementen nicht kleiner als eins werden. Man multipliziert deshalb das Verhältnis U_0/U_2 aus Gleichung (11.112) mit $\frac{1}{2}\sqrt{R_2/R_1}$ und bezeichnet die komplexe Größe

$$D_B' = \frac{1}{2} \frac{U_0}{U_2} \sqrt{\frac{R_2}{R_1}} \tag{11.115}$$

als Betriebsdämpfungsfunktion D_B'. Zusammen mit Gleichung (11.112) ergibt sich hierfür

$$D_B' = \frac{1}{2} \left[A_{11} \sqrt{\frac{R_2}{R_1}} + A_{22} \sqrt{\frac{R_1}{R_2}} + \frac{A_{12}}{\sqrt{R_1 \cdot R_2}} + A_{21} \sqrt{R_1 R_2} \right]. \tag{11.116}$$

Für den Sonderfall $R_1 = R_2 = R$ gilt

$$D_B' = \frac{1}{2} \left[A_{11} + A_{22} + A_{12} \frac{1}{R} + A_{21} R \right].$$

Durch den Strich am Formelzeichen D_B soll die Betriebsrichtung des Zweitors, d.h. die Energieeinspeisung am linken Tor angedeutet werden.

Um die Betriebsdämpfungsfunktion für die umgekehrte Betriebsrichtung zu erhalten, brauchen wir nur Eingangs- und Ausgangsklemmenpaar zu vertauschen. In der Kettenmatrix drückt sich das darin aus, daß A_{11} und A_{22} miteinander vertauscht und alle Elemente durch $\det A$ dividiert werden. Vertauschen wir, um die Anpassungsverhältnisse an beiden Klemmenpaaren ungeändert zu lassen, auch R_1 mit R_2, so ergibt sich für die Betriebsdämpfungsfunktion D''_B der umgekehrten Betriebsrichtung

$$D''_B = \frac{1}{2 \cdot \det\{A\}} \left[A_{22} \sqrt{\frac{R_1}{R_2}} + A_{11} \sqrt{\frac{R_2}{R_1}} + \frac{A_{12}}{\sqrt{R_1 \cdot R_2}} + A_{21} \sqrt{R_1 R_2} \right]. \tag{11.117}$$

Aus den Gleichungen (11.116) und (11.117) folgt

$$\frac{D'_B}{D''_B} = \det\{A\}. \tag{11.118}$$

Die Determinante der Kettenmatrix charakterisiert also die Unterschiede der Übertragungseigenschaften des Zweitors in den beiden Betriebsrichtungen.

Bei der wichtigen Klasse der übertragungssymmetrischen Zweitore, zu der alle aus RLC-Elementen aufgebauten gehören, ist $\det\{A\} = 1$ und damit

$$D'_B = D''_B = D_B. \tag{11.119}$$

Wir berechnen nun die Dämpfungsfunktion D für den Sonderfall, daß R_1 und R_2 mit den Wellenwiderständen des Zweitors übereinstimmen, setzen also

$$R_1 = W_w \qquad R_2 = Z_w.$$

Da nach Gleichung (11.87)

$$\frac{W_w}{Z_w} = \frac{A_{11}}{A_{22}} \quad \text{und} \quad W_w Z_w = \frac{A_{12}}{A_{21}}$$

ist, wird die Dämpfungsfunktion D'_z für die Vorwärtsrichtung nach Gleichung (11.116)

$$D'_z = \sqrt{A_{11} A_{22}} + \sqrt{A_{12} A_{21}} \tag{11.120}$$

und für die Rückwärtsrichtung nach (11.117)

$$D''_z = \frac{\sqrt{A_{11} A_{22}} + \sqrt{A_{12} A_{21}}}{A_{11} A_{22} - A_{12} A_{21}} = \frac{1}{\sqrt{A_{11} A_{22}} - \sqrt{A_{12} A_{21}}}. \tag{11.121}$$

Man nennt D_z' und D_z'' die Wellendämpfungsfunktion vorwärts bzw. rückwärts und kennzeichnet sie durch den Index Z. Beide Größen sind uns schon im Abschnitt 11.6 in der Darstellung $e^{g'}$ und $e^{g''}$, der wir hier noch den Index z zufügen, als maßgebende Konstanten bei der Impedanztransformation begegnet. Es ist also

$$D_z' = e^{g_z'} \qquad D_z'' = e^{g_z''}$$

und damit

$$D_z' = e^{g_z'} = \sqrt{A_{11}A_{22}} + \sqrt{A_{12}A_{21}} \tag{11.93}$$

$$\frac{1}{D_z''} = e^{-g_z''} = \sqrt{A_{11}A_{22}} - \sqrt{A_{12}A_{21}} \tag{11.94}$$

oder

$$\tfrac{1}{2}(e^{g_z'} + e^{-g_z''}) = \sqrt{A_{11}A_{22}}$$
$$\tfrac{1}{2}(e^{g_z'} - e^{-g_z''}) = \sqrt{A_{12}A_{21}}\,.$$

Diese Gleichungen ermöglichen es, zusammen mit den Beziehungen (11.87)

$$\frac{A_{11}}{A_{22}} = \frac{W_w}{Z_w} \qquad \frac{A_{12}}{A_{21}} = W_w Z_w$$

die Elemente $A_{11} \ldots A_{22}$ der Kettenmatrix durch die vier „Wellenparameter" W_w, Z_w, $e^{g_z'}$, $e^{g_z''}$ auszudrücken. Die Kettenmatrix erhält so die Form

$$A = \begin{bmatrix} \sqrt{\frac{W_w}{Z_w}}\,\frac{1}{2}(e^{g_z'} + e^{-g_z''}); & \sqrt{W_w Z_w}\,\frac{1}{2}(e^{g_z'} - e^{-g_z''}) \\ \frac{1}{\sqrt{W_w Z_w}}\,\frac{1}{2}(e^{g_z'} - e^{-g_z''}); & \sqrt{\frac{Z_w}{W_w}}\,\frac{1}{2}(e^{g_z'} + e^{-g_z''}) \end{bmatrix}. \tag{11.122}$$

Bei übertragungssymmetrischen Zweitoren ist $g_z' = g_z''$, so daß die Exponentialfunktionen in den Klammern von (11.122) zu Hyperbelfunktionen zusammengefaßt werden können.

Es ist oft zweckmäßig, nicht nur bei D_z' und D_z'' sondern auch bei anderen Dämpfungsgrößen logarithmische Maße einzuführen. Man definiert also allgemein ein komplexes Dämpfungsmaß g

$$g = \ln D = a + \mathrm{j}b \tag{11.123}$$

mit

$$a = \ln |D|$$

und

$$b = \sphericalangle D\,,$$

wobei g dieselben Indizes erhält wie D. Z.B. ist g_B das Betriebsdämpfungsmaß.

Da a von der gewählten Basis des Logarithmus abhängt und auch für den Winkel verschiedene Teilungen gebräuchlich sind, kennzeichnet man a und b durch „Pseudoeinheiten". Die Dämpfung erhält die Hilfseinheit 1 Neper = 1 Np, wenn man den natürlichen Logarithmus benutzt, und die Pseudoeinheit 1 Bel = 1 B = 10 Dezibel = 10 dB, wenn man den Briggschen Logarithmus verwendet. Allerdings bildet man im zweiten Fall den Logarithmus von $|D|^2$, weil die „Pseudoeinheit" Bel ursprünglich ein Maß für das Verhältnis zweier Leistungen und damit ein Maß für das Quadrat eines Spannungsverhältnisses ist. Es gilt also

$$a = \ln |D| \,\mathrm{Np} \tag{11.124}$$

oder

$$a = \lg |D|^2 \,\mathrm{B} = 20 \lg |D| \,\mathrm{dB}\,. \tag{11.125}$$

Hieraus ergeben sich die Identitäten

$$1\,\mathrm{Np} = 2 \lg(\mathrm{e})\,\mathrm{B} = 0{,}8686\,\mathrm{B}$$

oder

$$1\,\mathrm{Np} = 8{,}686\,\mathrm{dB} \quad 1\,\mathrm{dB} = 0{,}1151\,\mathrm{Np}\,.$$

Für das Winkelmaß b sind die Pseudoeinheiten 1 Radiant = 1 rad, 1 Rechter = 1^{L} und 1 Grad = 1° gebräuchlich. Dabei ist

$$\frac{\pi}{2}\,\mathrm{rad} = 1^{\mathrm{L}} = 90^\circ\,.$$

11.8 Zweitorketten mit Wellenwiderstands-Anpassung

Zweitore werden häufig zu Ketten zusammengeschaltet. Die Betriebseigenschaften einer solchen Kette lassen sich im allgemeinen nur mühsam ermitteln, weil man hierzu nach den Überlegungen des Abschnittes 11.5 die Kettenmatrizen der einzelnen Teilzweitore miteinander multiplizieren muß. Diese Aufgabe wird wesentlich einfacher, wenn die Teilzweitore an den zusammenstoßenden Klemmenpaaren jeweils gleiche Wellenwiderstände haben. Um die hierfür geltenden Formeln aufzufinden, nehmen wir zunächst an, daß auch die Impedanzen R_1 und R_2 mit den Wellenwiderständen W_{w_1} und Z_{w_n} der äußeren Klemmenpaare übereinstimmen, wie es in Abb. 11.34 angedeutet ist. In diesem Fall ist jedes Zweitor auf beiden Seiten mit seinem Wellenwiderstand „abgeschlossen", es gilt deshalb nach Gleichung (11.115) für die Wellendämpfungsfunktionen D'_{z_i} der einzelnen Teilzweitore

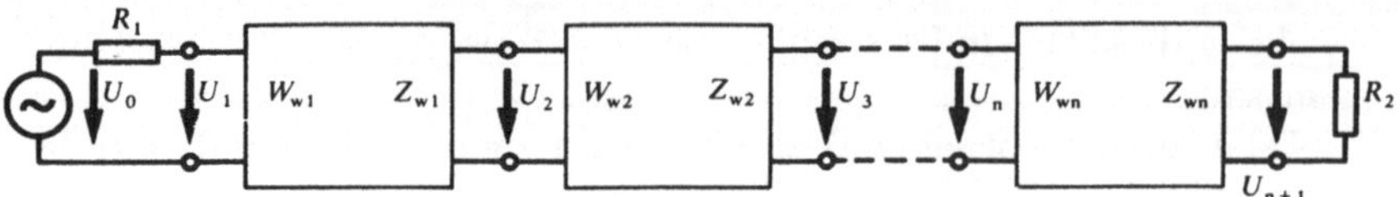

Abb. 11.34 Kette aus Zweitoren mit angepaßten Wellenwiderständen

$$\begin{aligned}
D'_{z_1} &= \frac{U_1}{U_2}\sqrt{\frac{Z_{w_1}}{W_{w_1}}} = \frac{U_1}{U_2}\sqrt{\frac{W_{w_2}}{R_1}} \\
&\vdots \\
D'_{zi} &= \frac{U_i}{U_{i+1}}\sqrt{\frac{Z_{wi}}{W_{wi}}} = \frac{U_i}{U_{i+1}}\sqrt{\frac{W_{wi+1}}{W_{wi}}} \\
&\vdots \\
D'_{zn} &= \frac{U_n}{U_{n+1}}\sqrt{\frac{Z_{wn}}{W_{wn}}} = \frac{U_n}{U_{n+1}}\sqrt{\frac{R_2}{W_{wn}}}
\end{aligned} \tag{11.125}$$

und für die Wellendämpfungsfunktion D'_z der gesamten Kette

$$D'_z = \frac{U_1}{U_{n+1}}\sqrt{\frac{Z_{wn}}{W_{w1}}} = \frac{U_1}{U_{n+1}}\sqrt{\frac{R_2}{R_1}}. \tag{11.126}$$

Diese Größe läßt sich unmittelbar aus den Wellendämpfungsfunktionen D'_{zi} der Teilzweitore bestimmen. Dazu erweitern wir Gleichung (11.126) in folgender Weise:

$$D'_z = \frac{U_1}{U_{n+1}}\sqrt{\frac{R_2}{R_1}} = \frac{U_1}{U_2}\sqrt{\frac{W_{w2}}{R_1}} \cdot \frac{U_2}{U_3}\sqrt{\frac{W_{w3}}{W_{w2}}} \cdots \frac{U_n}{U_{n+1}}\sqrt{\frac{R_2}{W_{wn}}}$$

und erhalten

$$\begin{aligned}
D'_z &= D'_{z1} \cdot D'_{z2} \ldots D'_{zn} = e^{g'_{z_1}} \cdot e^{g'_{z_2}} \ldots e^{g'_{z_n}} \\
&= e^{(g'_{z_1} + g'_{z_2} + \ldots g'_{z_n})},
\end{aligned}$$

d.h., das Wellendämpfungsmaß der gesamten Zweitorkette ist gleich der Summe der einzelnen Dämpfungsmaße:

$$g'_z = \sum_{i=1}^{n} g'_{zi}. \tag{11.127}$$

Entsprechend gilt für die umgekehrte Betriebsrichtung der Kette:

$$g''_z = \sum_{i=1}^{n} g''_{zi}. \tag{11.128}$$

Mit diesen Ergebnissen läßt sich die Kettenmatrix der Zweitorkette in der Form von Gleichung (11.122) anschreiben. Anstelle der Größen Z_w und W_w sind in (11.122) die Wellenwiderstände $W_{w1} = W_w$ und $Z_{wn} = Z_w$ der äußeren Tore einzusetzen. Die Dämpfungsmaße g'_z und g''_z ergeben sich aus den Gleichungen (11.127) und (11.128). Damit erhält die Kettenmatrix der Zweitorkette die Form

$$A = \begin{bmatrix} \sqrt{\dfrac{W_{w1}}{Z_{wn}}}\,\dfrac{1}{2}\left(e^{g'_z} + e^{-g''_z}\right) \; ; & \sqrt{W_{w1} Z_{wn}}\,\dfrac{1}{2}\left(e^{g'_z} - e^{-g''_z}\right) \\ \dfrac{1}{\sqrt{W_{w1} Z_{wn}}}\,\dfrac{1}{2}\left(e^{g'_z} - e^{g''_z}\right) \; ; & \sqrt{\dfrac{Z_{wn}}{W_{w1}}}\,\dfrac{1}{2}\left(e^{g'_z} + e^{-g''_z}\right) \end{bmatrix} . \tag{11.129}$$

Aus der Kettenmatrix läßt sich schließlich nach Gleichung (11.112) das Betriebsverhalten der Kette für beliebige Werte von R_1 und R_2 ermitteln.

11.9 Der Übertrager

Als Übertrager oder Transformator bezeichnet man eine Anordnung aus zwei magnetisch gekoppelten Spulen, wie sie im Abschnitt 7.1 des zweiten Bandes beschrieben wurde. Wir wollen hier die Zweitoreigenschaften eines solchen Übertragers untersuchen.

Im Abschnitt 7.1 wurde gezeigt, daß die Ströme und Spannungen an den beiden Klemmenpaaren im quasistationären Fall durch die Gleichungen

$$\begin{aligned} u_1 &= L_1 \frac{di_1}{dt} + M \frac{di_2}{dt} \\ u_2 &= M \frac{di_1}{dt} + L_2 \frac{di_2}{dt} \end{aligned} \tag{7.14}$$

miteinander verknüpft sind, wenn man für beide Klemmenpaare ein Verbraucher-Zählpfeilsystem nach Abb. 11.36 wählt, einen linearen Zu-

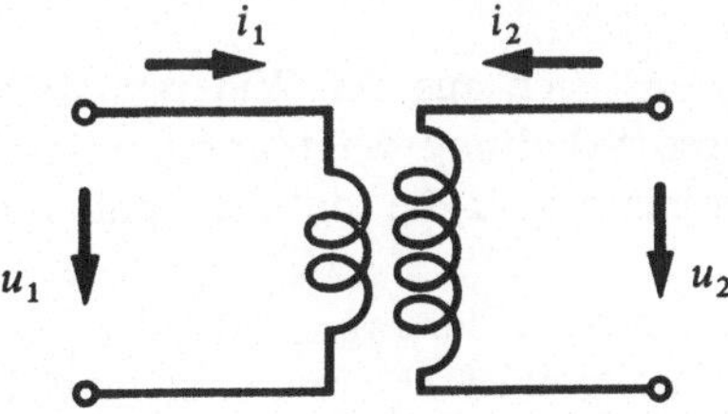

Abb. 11.36 Übertrager aus zwei verlustfreien magnetisch gekoppelten Spulen

sammenhang zwischen Strom und magnetischem Fluß annimmt und den ohmschen Widerstand der Wicklungen vernachlässigt. Wir beschränken uns im folgenden auf sinusförmige Ströme und Spannungen und ersetzen die Augenblickswerte durch die zugehörigen komplexen Amplituden. Dann lauten die Gleichungen (7.14)

$$\begin{aligned} U_1 &= \mathrm{j}\omega L_1 I_1 + \mathrm{j}\omega M I_2 \\ U_2 &= \mathrm{j}\omega M I_1 + \mathrm{j}\omega L_2 I_2 \end{aligned} \tag{11.140}$$

oder in Matrizenschreibweise

$$\begin{bmatrix} U_1 \\ U_2 \end{bmatrix} = \begin{bmatrix} \mathrm{j}\omega L_1 & \mathrm{j}\omega M \\ \mathrm{j}\omega M & \mathrm{j}\omega L_2 \end{bmatrix} \begin{bmatrix} I_1 \\ I_2 \end{bmatrix} \tag{11.141}$$

mit der Widerstandsmatrix

$$\boldsymbol{Z} = \begin{bmatrix} \mathrm{j}\omega L_1 & \mathrm{j}\omega M \\ \mathrm{j}\omega M & \mathrm{j}\omega L_2 \end{bmatrix} \tag{11.142}$$

des verlustfreien Übertragers. Die Matrix ist symmetrisch zur Hauptdiagonalen; der Übertrager gehört also zu den übertragungssymmetrischen Zweitoren.

Bei vielen Anwendungsfällen ist es nützlich, eine einfache Ersatzschaltung des Übertragers verwenden zu können, die seine Eigenschaften möglichst anschaulich wiedergibt. Eine naheliegende Ersatzschaltung ist ein T-Glied nach Abb. 11.37, dessen drei Spulen mit den Induktivitäten

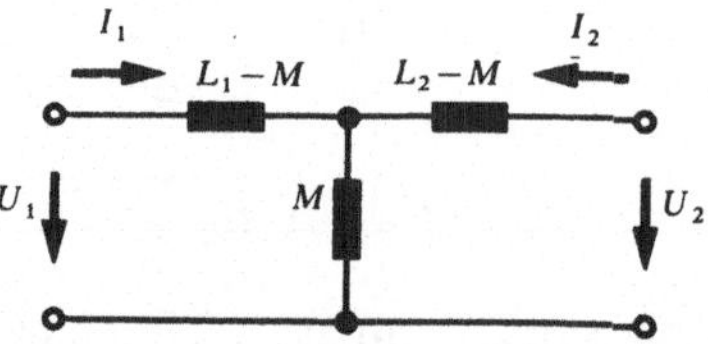

Abb. 11.37 Ersatzschaltung für den verlustfreien Übertrager

L_1-M, M und L_2-M sich aus der Widerstandsmatrix (11.142) bestimmen lassen. Diese Schaltung zeigt anschaulich die Verkopplung der beiden Klemmenpaare über die mittlere Spule mit der Induktivität M.

Das Betriebsverhalten des Übertragers läßt sich jedoch aus dieser Ersatzschaltung nicht anschaulich ablesen, weil in vielen Fällen die Induktivität eines der drei Elemente einen negativen Wert annimmt, und zwar aus folgenden Gründen: Wie man sich an Hand von Gleichung (11.140) und Abb. 11.37 klarmachen kann, wechselt die Größe M ihr Vorzeichen, wenn man ein Klemmenpaar „umpolt“ und anschließend die Zählrichtung von Strom und Spannung dieses Klemmenpaares umkehrt, um die symmetrische Bepfeilung wieder herzustellen. Andererseits wird bei positivem M eine der Größen $L_1 - M$ und $L_2 - M$ negativ, wenn

$$L_1 < k^2 L_2 \quad \text{oder} \quad L_2 < k^2 L_1$$

ist, weil L_1, L_2 und M nach Abschnitt 7.1 durch die Gleichung

$$\frac{M^2}{L_1 L_2} = k^2 \leq 1$$

verknüpft sind.

Um zu einem anschaulicheren Ersatzschaltbild zu kommen, bestimmen wir zunächst die Kettenmatrix des Übertragers aus seiner Widerstandsmatrix (11.142). Hierfür ergibt sich nach den Umrechnungsformeln aus Tabelle 2:

$$A = \begin{bmatrix} \frac{L_1}{M} & \mathrm{j}\omega\left(\frac{L_1 L_2}{M} - M\right) \\ \frac{1}{\mathrm{j}\omega M} & \frac{L_2}{M} \end{bmatrix}. \tag{11.144}$$

Mit dem Streufaktor σ

$$\sigma = 1 - k^2 = 1 - \frac{M^2}{L_1 L_2}$$

erhält die Kettenmatrix die einfache Form

$$A = \begin{bmatrix} \frac{L_1}{M} & \mathrm{j}\omega\sigma\frac{L_1 L_2}{M} \\ \frac{1}{\mathrm{j}\omega M} & \frac{L_2}{M} \end{bmatrix} = \frac{1}{k}\begin{bmatrix} \sqrt{\frac{L_1}{L_2}} & \mathrm{j}\omega\sigma\sqrt{L_1 L_2} \\ \frac{1}{\mathrm{j}\omega\sqrt{L_1 L_2}} & \sqrt{\frac{L_2}{L_1}} \end{bmatrix} \tag{11.145}$$

Läßt man für verschwindende Streuung $\sigma = 0$ L_1 und L_2 beliebig groß werden, aber so, daß der Quotient $L_1/L_2 = ü^2$ endlich bleibt, dann erhält man die Kettenmatrix

$$A = \begin{bmatrix} ü & 0 \\ 0 & \frac{1}{ü} \end{bmatrix} \tag{11.146}$$

des „idealen Übertragers“ (Abb. 11.38), der schon in Abschnitt 7.1 behandelt wurde. Ein Übertrager mit diesen Eigenschaften kann nicht

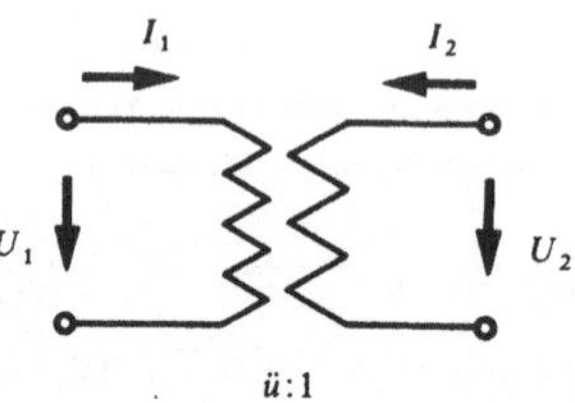

Abb. 11.38 Schaltsymbol für einen idealen Übertrager

realisiert werden. Da aber der wirkliche Übertrager oft nur wenig vom idealen Übertrager abweicht, liegt es nahe, als Ersatzschaltung die Kettenschaltung eines idealen Übertragers mit zunächst beliebigem Übersetzungsverhältnis $ü$ und eines Restzweitors zu benutzen, wie sie in Abb. 11.39 dargestellt ist.

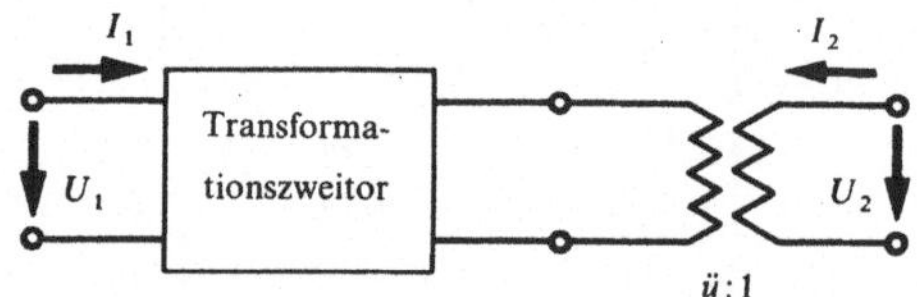

Abb. 11.39 Übertrager, aufgespalten in die Kettenschaltung eines idealen Übertragers und eines Rest-Zweitors

Die Aufspaltung nach Abb. 11.39 läßt sich als Matrizengleichung in der Form

$$A = A' \cdot A'' \tag{11.147}$$

darstellen. Dabei ist die Kettenmatrix A des Übertragers durch (11.145) gegeben. A'' ist die Kettenmatrix (11.146) eines idealen Übertragers und A' die gesuchte Kettenmatrix des Restzweitors. Um die Gleichung (11.147) nach A' aufzulösen, multiplizieren wir sie von rechts mit der Kehrmatrix

$$(A'')^{-1} = \begin{bmatrix} \frac{1}{ü} & 0 \\ 0 & ü \end{bmatrix}$$

und erhalten

$$A \cdot (A'')^{-1} = A' \cdot A'' \cdot (A'')^{-1} = A', \tag{11.149}$$

oder ausführlich geschrieben

$$A' = \begin{bmatrix} \frac{L_1}{M} & j\omega\sigma\frac{L_1 L_2}{M} \\ \frac{1}{j\omega M} & \frac{L_2}{M} \end{bmatrix} \cdot \begin{bmatrix} \frac{1}{\ddot{u}} & 0 \\ 0 & \ddot{u} \end{bmatrix} = \begin{bmatrix} \frac{L_1}{\ddot{u}M} & j\omega\sigma\frac{L_1 \ddot{u}^2 L_2}{\ddot{u}M} \\ \frac{1}{j\omega\ddot{u}M} & \frac{\ddot{u}^2 L_2}{\ddot{u}M} \end{bmatrix}. \tag{11.150}$$

Die Matrix A' unterscheidet sich von A nur dadurch, daß M durch $\ddot{u}M$ und L_2 durch $\ddot{u}^2 L_2$ ersetzt sind. So entsteht die Ersatzschaltung in

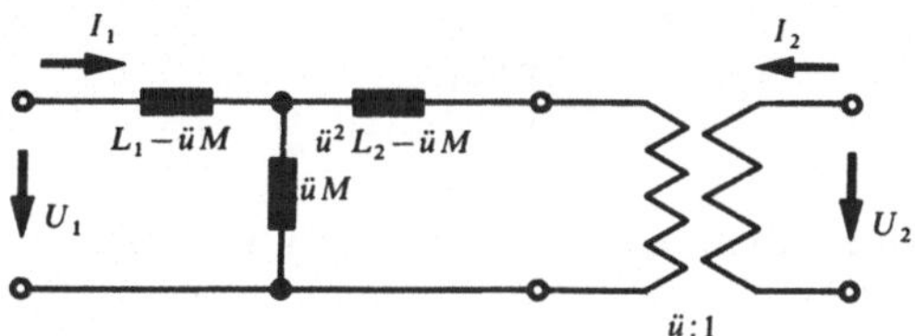

Abb. 11.40 Allgemeine Ersatzschaltung für einen verlustfreien Übertrager

Abb. 11.40. Die Größen L_1, L_2 und M sind durch den Übertrager vorgegeben; das Übersetzungsverhältnis $\ddot{u}$ des idealen Übertragers ist ein frei wählbarer Parameter, den wir so bestimmen, daß keines der drei Elemente eine negative Induktivität erhält. Es soll also

$$\begin{aligned} L_1 - \ddot{u}M &\geq 0 \\ \ddot{u}M &\geq 0 \\ \ddot{u}^2 L_2 - \ddot{u}M &\geq 0 \end{aligned} \tag{11.151}$$

sein. Aus diesen Ungleichungen folgt, daß $\ddot{u}$ das Vorzeichen von M erhalten und der Betrag von $\ddot{u}$ zwischen den Werten

$$\frac{|M|}{L_2} \leq |\ddot{u}| \leq \frac{L_1}{|M|} \tag{11.152}$$

liegen muß. Das Restzweitor wird besonders einfach, wenn $\ddot{u}$ einen der Grenzwerte aus (11.152) erreicht, so daß ein Längselement verschwindet, oder wenn man $\ddot{u}$ so wählt, daß

$$L_1 - \ddot{u}M = \ddot{u}^2 L_2 - \ddot{u}M$$

wird, das T-Glied also symmetrisch ist. Wir wollen diese drei Sonderfälle im einzelnen betrachten:

1. $L_2 - \ddot{u}M = 0$ (linke Längsspule verschwindet)
   Wegen

$$L_1 - \ddot{u}M = 0$$

   wird

$$\ddot{u} = \frac{L_1}{M} = \sqrt{\frac{L_1}{L_2}}\,\frac{\sqrt{L_1 L_2}}{M}.$$

   Daraus ergibt sich zusammen mit

$$k^2 = 1 - \sigma = \frac{M^2}{L_1 L_2}$$

für $\ddot{u}$

$$\ddot{u} = \sqrt{\frac{L_1}{L_2}}\,\frac{1}{\sqrt{1-\sigma}} \qquad (11.154)$$

und für die Induktivitäten der Quer- und Längsspule

$$\ddot{u}M = L_1 \qquad (11.155)$$

$$\ddot{u}^2 L_2 - \ddot{u}M = L_1\left(\frac{L_1 L_2}{M^2} - 1\right) = L_1\,\frac{\sigma}{1-\sigma}. \qquad (11.156)$$

Die zugehörige Ersatzschaltung ist in Abb. 11.41 dargestellt.

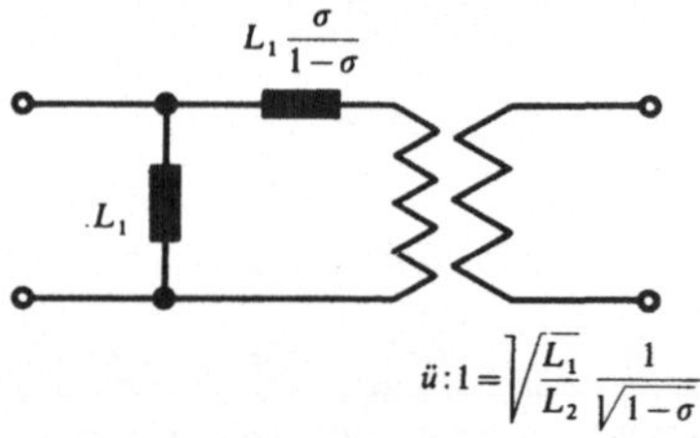

Abb. 11.41 Γ-Ersatzschaltung für den verlustfreien Übertrager

2. $L_1 - \ddot{u}M = \ddot{u}^2 L_2 - \ddot{u}M$ (symmetrisches T-Glied)
   Wegen

$$L_1 - \ddot{u}M = \ddot{u}^2 L_2 - \ddot{u}M$$

   wird

$$\ddot{u} = \sqrt{\frac{L_1}{L_2}}. \qquad (11.158)$$

Die gleichgroßen Induktivitäten der Längsspulen betragen dann

$$L_1 - \ddot{u}M = \ddot{u}^2 L_2 - \ddot{u}M = L_1 \left(1 - \frac{M}{\sqrt{L_1 L_2}}\right) = L_1(1 - \sqrt{1-\sigma}), \tag{11.159}$$

und für die Induktivität der Querspule gilt

$$\ddot{u}M = L_1 \sqrt{1-\sigma}\,. \tag{11.160}$$

Die zugehörige Ersatzschaltung ist in Abb. 11.42 dargestellt.

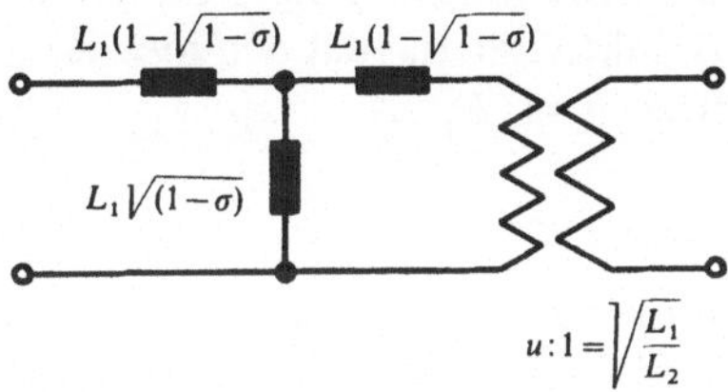

Abb. 11.42 Symmetrische T-Ersatzschaltung für den verlustfreien Übertrager

3. $\ddot{u}^2 L_2 - \ddot{u}M = 0$ (rechte Längsspule verschwindet)

Wegen

$$\ddot{u}^2 L_2 - \ddot{u}M = 0$$

wird

$$\ddot{u} = \frac{M}{L_2} = \sqrt{\frac{L_1}{L_2}} \frac{M}{\sqrt{L_1 L_2}} = \sqrt{\frac{L_1}{L_2}} \sqrt{1-\sigma}\,. \tag{11.162}$$

Damit ergibt sich für die Induktivitäten der Längs- und Querspule:

$$L_1 - \ddot{u}M = L_1 \left(1 - \frac{M^2}{L_1 L_2}\right) = L_1 \sigma \tag{11.163}$$

$$\ddot{u}M = L_1(1-\sigma). \tag{11.164}$$

Die zugehörige Ersatzschaltung ist in Abb. 11.43 dargestellt.

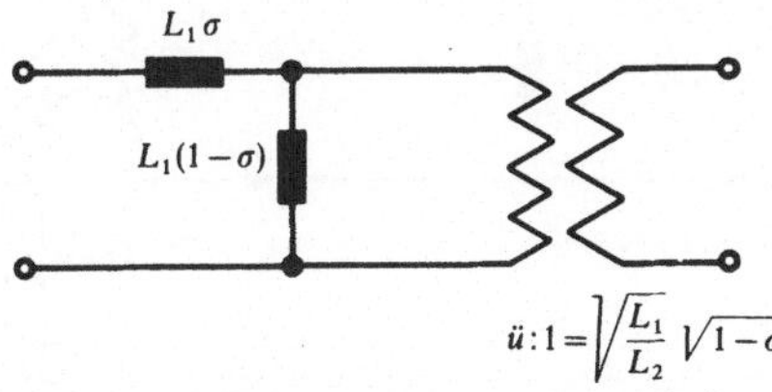

Abb. 11.43 Ꞁ-Ersatzschaltung für den verlustfreien Übertrager

Diese drei Ersatzschaltungen zeigen anschaulich das Verhalten des Übertragers. Der ideale Übertrager bewirkt die Übersetzung von Strom und Spannung, gegebenenfalls auch das „Umpolen" eines Klemmenpaares. Die übrigen Elemente beschreiben das Abweichen des wirklichen Übertragers vom idealen: Bei leerlaufendem Ausgang wird die Eingangsimpedanz nicht unendlich groß sondern ist gleich $j\omega L_1$. Oder anders ausgedrückt: Der Übertrager benötigt einen Magnetisierungsstrom. Bei kurzgeschlossenem Ausgang hat die Eingangsimpedanz nicht den Wert null, sondern beträgt $j\omega\sigma L_1$. Bei verschwindender Streuung ($\sigma=0$) werden die drei Ersatzschaltungen gleich. Sie enthalten nur noch eine Querspule mit der Induktivität L_1 und den idealen Übertrager mit dem Übersetzungsverhältnis $ü=\sqrt{L_1/L_2}$.

Der Übertrager mit Eisenkern

Für viele Anwendungsfülle benötigt man Übertrager mit kleinem Magnetisierungsstrom und kleiner Streuung. Man erreicht beides, wenn die Wicklungen auf einen gemeinsamen hochpermeablen Kern aufgebracht sind. Ein hochpermeabler Kern stellt einen bevorzugten Weg für die magnetischen Feldlinien dar, so daß der Kopplungsfaktor fast den Wert 1 erreicht und damit die Streuung klein wird.

Für einen Übertrager mit Eisenkern bevorzugt man das Ersatzschaltbild 11.42, dessen Elemente bei kleinem σ mit guter Näherung die Werte

$$L_1\sqrt{1-\sigma}\approx L_1\left(1-\frac{\sigma}{2}\right)$$

und

$$L_1(1-\sqrt{1-\sigma})\approx L_1\frac{\sigma}{2}$$

annehmen, die in dem Ersatzschaltbild 11.44 eingetragen sind. Die Elemente dieser Ersatzschaltung haben eine unmittelbare physikalische

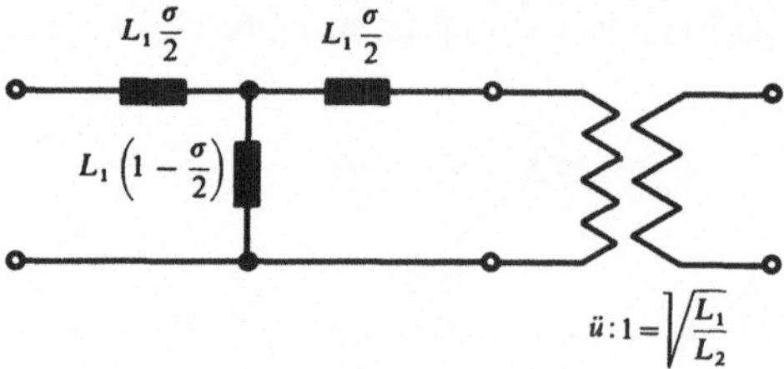

Abb. 11.44 Ersatzschaltung für den verlustfreien Übertrager mit kleiner Streuung

Bedeutung: Der magnetische Fluß in den beiden Längsspulen entspricht den ungefähr gleich großen Streuflüssen, die jeweils nur mit einer Wicklung verkettet sind und im wesentlichen außerhalb des Kerns verlaufen. Der magnetische Fluß in der Querspule entspricht dem mit beiden Wicklungen verketteten Fluß, der im wesentlichen im Eisenkern verläuft. Allerdings kann eine Querspule mit konstanter Induktivität den nichtlinearen Zusammenhang zwischen magnetischer Erregung und magnetischem Fluß im Eisenkern nicht wiedergeben. Bei gegebenen Abmessungen der Wicklungen ist die Induktivität der Querspule proportional der Kernpermeabilität, die der Längsspulen nahezu unabhängig hiervon, so daß die Streuung σ mit wachsender Kernpermeabilität kleiner wird.

Das Ersatzschaltbild 11.44 läßt sich leicht so ergänzen, daß es auch die beim Betrieb des Übertragers in Wärme verwandelten Verlustenergien richtig wiedergibt. Ein Teil der Verlustwärme entsteht durch den ohmschen Widerstand der Wicklungen. Er läßt sich durch zwei ohmsche Ersatzwiderstände R_1 und R_2 in den Längszweigen der Ersatzschaltung Abb. 11.45 erfassen. Dabei kann R_2 durch Multiplikation mit $\ddot{u}^2$ auf die linke Seite des idealen Übertragers gebracht werden. Weitere Verluste entstehen durch Wirbelströme und Hysterese im Eisenkern. Die Wirbelstromverluste lassen sich durch einen Widerstand R_w

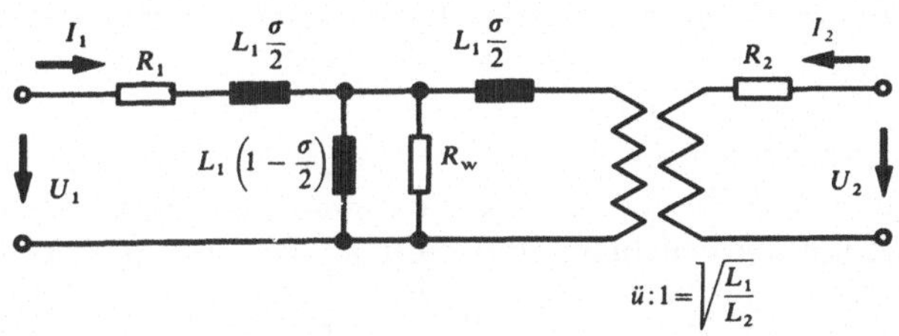

Abb. 11.45 Ersatzschaltung für einen Übertrager mit Verlusten

parallel zur Querspule berücksichtigen, denn nach den Überlegungen des Abschnittes 7.3. wächst die Verlustleistung der Wirbelströme bei sinusförmiger Feldänderung proportional mit ω^2 und $\hat{B}^2$

$$P_w \sim \omega^2 \hat{B}^2 .$$

Dasselbe trifft aber auch auf die Leistungsaufnahme von R_w zu, denn die Spannung an der Querspule ist proportional ω und dem in der Spule fließenden Strom. Dieser Strom ist aber bei linearem Zusammenhang zwischen B und H proportional $\hat{B}$, so daß die Spannungsamplitude am Widerstand R_w proportional $\omega\hat{B}$ ist, die verbrauchte Leistung also proportional $(\omega\hat{B})^2$.

Anders ist es bei den Hystereseverlusten, die nach den Überlegungen des Abschnittes 6.2 nur linear mit der Kreisfrequenz ω und nichtlinear mit der Feldstärkenamplitude $\hat{B}$ wachsen. Ein ohmscher Widerstand, der parallel zu R_w geschaltet ist, gibt deshalb die Hystereseverluste nur für eine Frequenz und für einen Wert der Amplitude $\hat{B}$ richtig wieder, d.h. für einen Betriebsfall, der bei Transformatoren der Energietechnik normalerweise vorliegt.

Die Transformationseigenschaften des Übertragers

Wir untersuchen nun die Abbildungen komplexer Impedanzen durch den Übertrager und beschränken uns dabei auf verlustfreie Übertrager

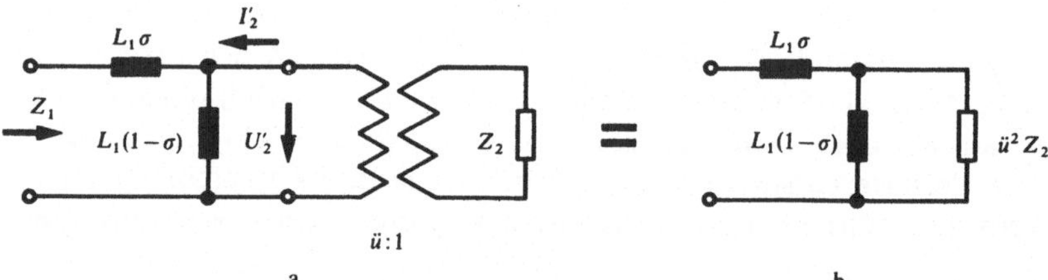

Abb. 11.46 Veranschaulichung der Impedanztransformation durch einen verlustfreien Übertrager

mit einer Ersatzschaltung nach Abb. 11.46a. Aus der äquivalenten Ersatzschaltung in Abb. 11.46b findet man sofort, daß zu einem Abschlußwiderstand mit der beliebigen Impedanz Z_2 die Eingangsimpedanz

$$Z_1 = \mathrm{j}\omega\sigma L_1 + \cfrac{1}{\cfrac{1}{\ddot{u}^2 Z_2} + \cfrac{1}{\mathrm{j}\omega(1-\sigma)L_1}} \tag{11.171}$$

gehört. Zur Veranschaulichung dieser sehr einfachen Impedanztransformation durch den verlustfreien Übertrager benutzen wir nicht die Formel (11.89), sondern verwenden unmittelbar die Gesetzmäßigkeiten der linearen Abbildung. Zunächst lesen wir aus der Ersatzschaltung oder aus Gleichung (11.171) die Zuordnungen für Leerlauf und Kurzschluß ab:

$$\begin{aligned} Z_2 &= 0 \quad \text{ergibt} \quad Z_1 = \mathrm{j}\omega\sigma L_1 \\ Z_2 &= \infty \quad \text{ergibt} \quad Z_1 = \mathrm{j}\omega L_1 . \end{aligned} \tag{11.172}$$

Alle anderen Werte imaginärer Z_2 werden ebenfalls auf imaginäre Z_1 abgebildet, wie man auch unmittelbar aus der Ersatzschaltung Abb. 11.46 erkennt. Wir fragen nach dem Abbild der reellen Achse, d.h. der Werte $Z_2 = R_2$. Wegen der Kreisverwandtschaft muß dieses Abbild ein Kreis sein, der ebenfalls durch die Punkte $Z_1 = \mathrm{j}\omega L_1$ und $Z_1 = \mathrm{j}\omega\sigma L_1$ geht und hier wegen der Winkeltreue der Abbildung die imaginäre Achse senkrecht schneidet. Damit ergibt sich als Ortskurve für das Bild der positiv reellen Achse der in Abb. 11.47 eingezeichnete Halbkreis.

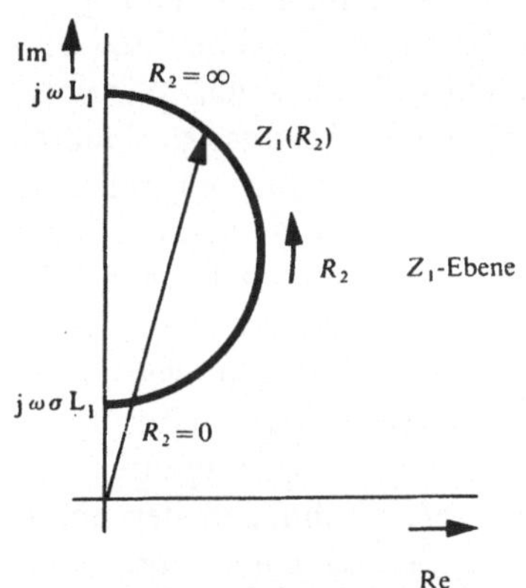

Abb. 11.47 Abbildung der reellen Impedanzen durch einen verlustfreien Übertrager

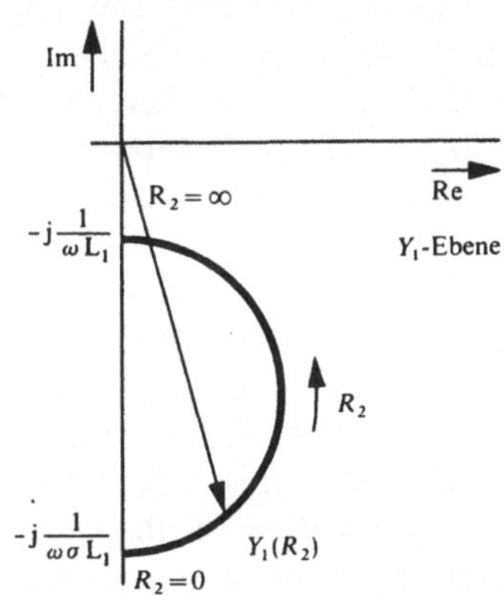

Abb. 11.48 Abbildung der reellen Admittanzen durch einen verlustfreien Übertrager

Die Inversion der Z-Ortskurve ergibt die Ortskurve der Eingangs-Admittanz Y_1. Diese Darstellung ist vor allem in der Energietechnik gebräuchlich, weil man hier mit konstanter Spannung U_1 arbeitet, so daß man den Eingangsstrom $I_1 = Y_1 U_1$ – abgesehen von dem Proportionalitätsfaktor U_1 – unmittelbar aus der Y_1-Ortskurve ermitteln kann. Aus Abb. 11.48 liest man ab: Bei beliebigen reellen Abschlußwiderständen kann der Realteil der Eingangsadmittanz Y_1 einen bestimmten Wert nicht überschreiten, der für $\sigma \ll 1$ die Größe

$$\max \mathrm{Re}\{Y_1\} = \frac{1}{2\omega\sigma L_1}$$

annimmt. In der Energietechnik läßt man Streufaktoren von $\sigma = 4\,\% \ldots 8\,\%$ zu, um den Kurzschlußstrom klein zu halten.

12. DIE HOMOGENE LEITUNG

12.1 Die Kettenmatrix der homogenen Leitung

Im Gegensatz zum vergangenen Abschnitt wollen wir uns jetzt mit einem Zweitor beschäftigen, dessen räumliche Ausdehnung nicht vernachlässigt werden kann. Dieses Zweitor ist die homogene Leitung, die als Freileitung oder Kabel sowohl in der elektrischen Nachrichtentechnik als auch in der Energietechnik eine wichtige Rolle spielt. Wir überschreiten damit die Grenzen, die im Abschnitt 9.1 für den quasistationären Zustand gezogen wurden; denn zur Behandlung elektromagnetischer Vorgänge in räumlich ausgedehnten Gebilden benötigt man die Maxwellschen Gleichungen in der allgemeinen Form. Da jedoch die räumliche Ausdehnung der Leitung nur in einer Richtung berücksichtigt zu werden braucht, läßt sich die Anwendung der allgemeinen Gleichungen umgehen, indem man zunächst die Leitung durch eine Kette von Zweitoren ersetzt, von denen jedes ein Leitungsstück mit der Länge Δl repräsentiert. Für jedes dieser Teilzweitore werden die Vereinfachungen der quasistationären Näherung als gültig angenommen. Durch einen Grenzübergang, bei dem zugleich $\Delta l \to 0$ und die Zahl der in Kette geschalteten Leitungsstücke gegen unendlich streben, erhält man eine Kettenmatrix, die die Eigenschaften der Leitung ausreichend genau beschreibt.

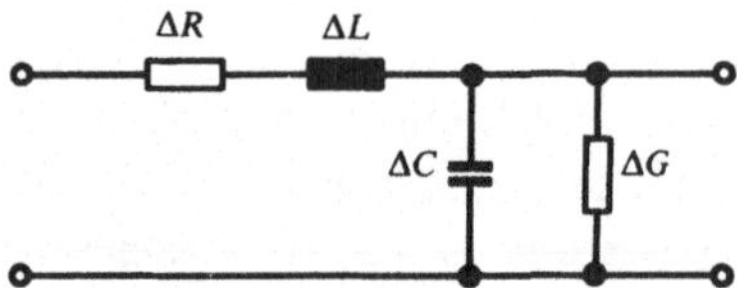

Abb. 12.1a ˥-Ersatzschaltung für ein kurzes Leitungsstück

Wir stellen zunächst eine Ersatzschaltung für ein kurzes Leitungsstück der Länge Δl auf, indem wir nach Abb. 12.1a die Induktivität, die Kapazität, den Leitungswiderstand und gegebenenfalls eine unvollkommene Isolation zwischen den beiden Leitern durch konzentrierte Schaltelemente mit den Werten ΔL, ΔC, ΔR, ΔG darstellen. Natürlich ergibt die Zusammenfassung der gleichmäßig über die Leitungslänge verteilten Eigenschaften in konzentrierten Schaltelementen einen Fehler. Auch liegt in der Anordnung der Schaltelemente in Abb. 12.1a eine gewisse Willkür. Wir könnten ebensogut eine Ersatzschaltung nach Abb. 12.1b oder ein T- oder Π-Glied wählen. Mit dem Grenzübergang $\Delta l \to 0$ verschwinden aber diese Fehler und die Unterschiede zwischen den Eigenschaften der verschiedenen Ersatzschaltungen.

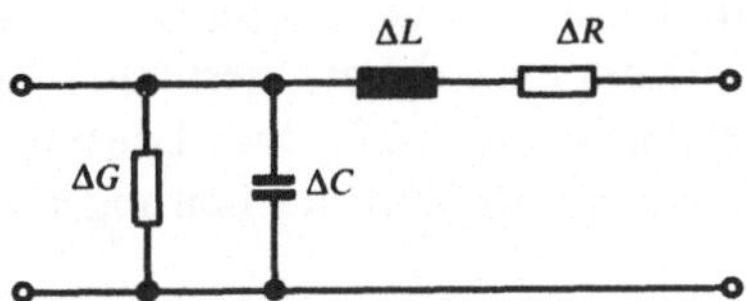

Abb. 12.1b Γ-Ersatzschaltung für ein kurzes Leitungsstück

Die Größen ΔL, ΔC, ΔR, ΔG sind der Länge Δl des Leitungsstückes proportional und können aus den Abmessungen und Materialeigenschaften der Leitung berechnet werden. Z.B. gilt für ein Koaxialkabel nach Gl. (1.73) und (5.49)

$$\Delta L = \frac{\mu \Delta l}{2\pi} \ln\left(\frac{r_2}{r_1}\right) \qquad \Delta C = \frac{2\pi \varepsilon \Delta l}{\ln\left(\frac{r_2}{r_1}\right)}.$$

Mit den Abkürzungen

$$\Delta Z = \Delta R + \mathrm{j}\omega \Delta L \tag{12.1}$$

und

$$\Delta Y = \Delta G + \mathrm{j}\omega \Delta C \tag{12.2}$$

erhalten wir für die Ersatzschaltungen des Leitungsstückes die in Abb. 12.2 dargestellten Zweitore, zu denen nach Abschnitt 11.4 die Kettenmatrizen

$$A^{\urcorner} = \begin{bmatrix} 1 & \Delta Z \\ 0 & 1 \end{bmatrix} \cdot \begin{bmatrix} 1 & 0 \\ \Delta Y & 1 \end{bmatrix} = \begin{bmatrix} 1+\Delta Z \Delta Y & \Delta Z \\ \Delta Y & 1 \end{bmatrix} \tag{12.3}$$

bzw.

$$A^{\ulcorner} = \begin{bmatrix} 1 & 0 \\ \Delta Y & 1 \end{bmatrix} \cdot \begin{bmatrix} 1 & \Delta Z \\ 0 & 1 \end{bmatrix} = \begin{bmatrix} 1 & \Delta Z \\ \Delta Y & 1+\Delta Z \Delta Y \end{bmatrix} \tag{12.4}$$

gehören. Wenn das Leitungsstück so kurz wird, daß

$$\Delta Z\,\Delta Y \ll 1$$

ist, werden die Kettenmatrizen beider Ersatzschaltungen in erster Näherung gleich:

$$A_0 \approx \begin{bmatrix} 1 & \Delta Z \\ \Delta Y & 1 \end{bmatrix}. \tag{12.6}$$

A_0 ist die Kettenmatrix eines symmetrischen Zweitors, da $A_{11}=A_{22}$ ist.

Um aus (12.6) die Kettenmatrix der gesamten Leitung zu erhalten, müssen wir die Kettenmatrizen der einzelnen Leitungsstücke miteinander multiplizieren. Wir nehmen an, daß die Leitung homogen ist und alle

Abb. 12.2 Zwei äquivalente Ersatzschaltungen für ein kurzes Leitungsstück

Leitungsstücke die gleiche Länge Δl haben; dann sind die Kettenmatrizen aller Leitungsstücke gleich. Wenn die Leitung die Länge l hat, muß die Kettenmatrix A_0 $l/\Delta l$-mal mit sich selbst multipliziert werden, um die Kettenmatrix A der ganzen Leitung zu erhalten. Das geschieht am einfachsten, wenn man in die Kettenmatrix A_0 die Wellenparameter einführt. Denn nach den Überlegungen des Abschnittes 11.8 ist das Wellendämpfungsmaß einer Kette gleich der Summe der Dämpfungsmaße der Teilzweitore, falls an allen Stoßstellen der Kette Teilzweitore mit gleichen Wellenwiderständen aneinanderstoßen. Diese Bedingung ist hier erfüllt, weil alle Leitungsstücke nach Gleichung (11.87) auf beiden Seiten den gleichen Wellenwiderstand

$$Z_{\mathrm{w}} = \sqrt{\frac{A_{11}A_{12}}{A_{21}A_{22}}} \approx \sqrt{\frac{\Delta Z}{\Delta Y}} \tag{12.7}$$

haben. Für das komplexe Wellendämpfungsmaß $\Delta g'$ bzw. $\Delta g''$ des Leitungsstückes ergibt sich nach Gleichung (11.93) und (11.94)

$$\mathrm{e}^{\Delta g'} = \sqrt{A_{11}A_{22}} + \sqrt{A_{12}A_{21}} \approx 1 + \sqrt{\Delta Z\,\Delta Y} \tag{12.8}$$

$$\mathrm{e}^{-\Delta g''} = \frac{\det\{A\}}{\sqrt{A_{11}A_{22}} + \sqrt{A_{12}A_{21}}} \approx 1 - \sqrt{\Delta Z\,\Delta Y}\,. \tag{12.9}$$

Weil

$$e^{-\Delta g''} \approx 1-\sqrt{\Delta Z\,\Delta Y} \approx \frac{1}{1+\sqrt{\Delta Z\,\Delta Y}} \approx e^{-\Delta g'} \tag{12.10}$$

ist, werden beim Grenzübergang $\Delta l \to 0$ beide Dämpfungsmaße gleich, wir schreiben deshalb schon jetzt

$$e^{\Delta g} \approx 1+\sqrt{\Delta Z\,\Delta Y}. \tag{12.11}$$

Da wir $l/\Delta l$ Leitungsstücke haben, beträgt das komplexe Wellendämpfungsmaß g der gesamten Leitung nach Gleichung (11.127)

$$g \approx \Delta g \frac{l}{\Delta l}, \tag{12.12}$$

so daß

$$e^{g} \approx (1+\sqrt{\Delta Z\,\Delta Y})^{l/\Delta l} \tag{12.13}$$

wird. Mit der Abkürzung

$$\sqrt{\frac{\Delta Z}{\Delta l} \cdot \frac{\Delta Y}{\Delta l}} = \gamma$$

erhält Gleichung (12.13) die Form

$$e^{g} \approx \left(1+\gamma l \frac{\Delta l}{l}\right)^{\frac{l}{\Delta l}} \tag{12.14}$$

Wir vollziehen nun den Grenzübergang $\Delta l/l \to 0$. Dieser Grenzwert ist bekannt; es gilt

$$e^{g} = \lim_{\Delta l/l \to 0} \left(1+\gamma l \frac{\Delta l}{l}\right)^{\frac{l}{\Delta l}} = e^{\gamma l}. \tag{12.15}$$

Die homogene Leitung mit der Länge l hat also das komplexe Wellendämpfungsmaß

$$g = \gamma l = l \sqrt{\frac{\Delta Z}{\Delta l} \frac{\Delta Y}{\Delta l}} \tag{12.16}$$

und den Wellenwiderstand

$$Z_{\mathrm{w}} = \sqrt{\frac{\Delta Z}{\Delta Y}}. \tag{12.7}$$

Ihre Kettenmatrix läßt sich damit nach Gleichung (11.129) in der Form

$$A = \begin{bmatrix} \cosh\gamma l & Z_w \sinh\gamma l \\ \frac{1}{Z_w}\sinh\gamma l & \cosh\gamma l \end{bmatrix} \tag{12.17}$$

schreiben. Notwendigerweise ist $A_{11} = A_{22}$ und

$$\det\{A\} = \cosh^2\gamma l - \sinh^2\gamma l = 1. \tag{12.18}$$

12.2 Die Kenngrößen der Leitung

Wir drücken zunächst die komplexen Kenngrößen der Leitung Z_w und γ durch ΔL, ΔC, ΔR und ΔG aus. Für den Wellenwiderstand ergibt sich nach Gleichung (12.7)

$$Z_w = \sqrt{\frac{\Delta Z}{\Delta Y}} = \sqrt{\frac{\Delta R + j\omega\Delta L}{\Delta G + j\omega\Delta C}}. \tag{12.19}$$

Wenn wir Zähler und Nenner durch Δl dividieren und überall auf die Leitungslänge bezogene Größen

$$\frac{\Delta L}{\Delta l} = L', \quad \frac{\Delta C}{\Delta l} = C', \quad \frac{\Delta R}{\Delta l} = R', \quad \frac{\Delta G}{\Delta l} = G' \tag{12.20}$$

einführen, erhält Gleichung (12.19) die Form

$$Z_w = \sqrt{\frac{R' + j\omega L'}{G' + j\omega C'}}. \tag{12.21}$$

Z_w ist im allgemeinen eine komplexe und frequenzabhängige Impedanz. Vereinbarungsgemäß wird der Impedanz $+Z_w$ der Wurzelwert mit dem positiven Realteil zugeordnet.

Mit wachsender Frequenz ω strebt Z_w gegen den reellen Grenzwert $\sqrt{L'/C'}$. Wir schreiben deshalb

$$Z_w = \sqrt{\frac{L'}{C'}}\sqrt{\frac{1 + R'/j\omega L'}{1 + G'/j\omega C'}}. \tag{12.22}$$

Für

$$\frac{R'}{\omega L'} \ll 1, \quad \frac{G'}{\omega C'} \ll 1$$

ergibt sich daraus wegen

$$\sqrt{1+R'/\mathrm{j}\omega L'} \approx 1+R'/2\mathrm{j}\omega L', \quad \sqrt{1+G'/\mathrm{j}\omega C'} \approx 1+G'/2\mathrm{j}\omega C' \tag{12.23}$$

und

$$\frac{1-\mathrm{j}R'/2\omega L'}{1-\mathrm{j}G'/2\omega C'} \approx 1+\frac{\mathrm{j}}{2\omega}\left(\frac{G'}{C'}-\frac{R'}{L'}\right)$$

die Näherung

$$Z_\mathrm{w} \approx \sqrt{\frac{L'}{C'}}\left[1+\frac{\mathrm{j}}{2\omega}\left(\frac{G'}{C'}-\frac{R'}{L'}\right)\right]. \tag{12.24}$$

Meistens ist

$$\frac{R'}{L'} > \frac{G'}{C'},$$

so daß der Imaginärteil des Wellenwiderstandes negativ wird. Wenn

$$\frac{R'}{L'} = \frac{G'}{C'}$$

ist, wird der Wellenwiderstand Z_w reell und frequenzunabhängig. Eine Leitung mit dieser Eigenschaft nennt man verzerrungsfrei; denn man kann zeigen, daß eine solche Leitung beliebige elektrische Signale unverfälscht zu übertragen gestattet.

Ein Grenzfall der verzerrungsfreien Leitung, der physikalisch nur näherungsweise realisierbar ist, ist die verlustfreie Leitung mit

$$R'=0 \qquad G'=0, \qquad Z_\mathrm{w}=\sqrt{L'/C'}.$$

Als Beispiel berechnen wir den Wellenwiderstand eines als verlustfrei angenommenen Koaxialkabels mit den Leiterradien r_1 und r_2. Mit den Werten für L' und C' aus den Gleichungen (1.73) und (5.49) ergibt sich

$$Z_\mathrm{w}=\sqrt{\frac{L'}{C'}}=\frac{1}{2\pi}\sqrt{\frac{\mu}{\varepsilon}}\ln\left(\frac{r_2}{r_1}\right). \tag{12.25}$$

Nimmt man an, daß der Raum zwischen den Leitern im wesentlichen mit Luft ausgefüllt ist, setzt also

$$\sqrt{\frac{\mu}{\varepsilon}}=\sqrt{\frac{\mu_0}{\varepsilon_0}}=377\,\Omega,$$

dann findet man für Z_w:

$$Z_\mathrm{w} \approx 60\,\Omega \ln\left(\frac{r_2}{r_1}\right).$$

Ein Koaxialkabel mit dem Radienverhältnis $r_2/r_1 = \mathrm{e} \approx 2{,}71$ hat demnach gerade einen Wellenwiderstand von $60\,\Omega$.

Für die zweite Kenngröße, die als komplexe Dämpfungskonstante oder komplexen Dämpfungsbelag bezeichnet wird, findet man aus Gleichung (12.16)

$$\gamma = \sqrt{\frac{(\Delta R + \mathrm{j}\omega\Delta L)}{\Delta l}\,\frac{(\Delta G + \mathrm{j}\omega\Delta C)}{\Delta l}}\,.$$

Mit den bezogenen Größen R', L', G' und C' aus Gleichung (12.20) ergibt sich hieraus

$$\gamma = \sqrt{(R' + \mathrm{j}\omega L')\,(G' + \mathrm{j}\omega C')}\,. \tag{12.26}$$

Die Größe γ ist im allgemeinen komplex und frequenzabhängig. Die Zerlegung von γ in Real- und Imaginärteil liefert die reelle Dämpfungskonstante α und die Phasenkonstante β:

$$\gamma = \alpha + \mathrm{j}\beta\,. \tag{12.27}$$

Für beliebige Werte R', L', G' und C' ist die Zerlegung von γ in Real- und Imaginärteil wegen des Wurzelausdruckes mühsam. Wir begnügen uns mit einer Näherung, die für

$$\frac{R'}{\omega L'} \ll 1 \quad \text{und} \quad \frac{G'}{\omega C'} \ll 1$$

gilt und schreiben

$$\gamma = \mathrm{j}\omega\sqrt{L'C'}\,\sqrt{(1 + R'/\mathrm{j}\omega L')\,(1 + G'/\mathrm{j}\omega C')}\,. \tag{12.28}$$

Mit Gleichung (12.23) folgt hieraus die Näherung

$$\gamma \approx \mathrm{j}\omega\sqrt{L'C'}\left[1 + \frac{1}{2\mathrm{j}\omega}\left(\frac{R'}{L'} + \frac{G'}{C'}\right)\right]. \tag{12.29}$$

Ein Vergleich mit (12.27) liefert schließlich das Ergebnis

$$\alpha \approx \frac{1}{2}\left(R'\sqrt{\frac{C'}{L'}} + G'\sqrt{\frac{L'}{C'}}\right) \tag{12.30}$$

$$\beta \approx \omega\sqrt{L'C'}\,. \tag{12.31}$$

Bei einer verzerrungsfreien Leitung mit

$$\frac{R'}{G'} = \frac{L'}{C'}$$

werden die beiden Faktoren in (12.28) gleich, es gilt dann

$$\alpha = R'\sqrt{\frac{C'}{L'}} = G'\sqrt{\frac{L'}{C'}} \tag{12.32}$$

$$\beta = \omega\sqrt{L'C'}, \tag{12.33}$$

und zwar nicht nur näherungsweise, sondern exakt für alle Werte R'/L'.

Bei der nicht verzerrungsfreien Leitung überwiegt in Gleichung (12.30) gewöhnlich der Summand

$$R'\sqrt{\frac{C'}{L'}}.$$

In diesem Fall läßt sich die Dämpfung verringern, indem man das Verhältnis $\sqrt{L'/C'}$, d.h. $\sqrt{\mu/\varepsilon}$ vergrößert. Da ε nach unten durch ε_0 begrenzt ist, muß man die Permeabilität μ im Raum zwischen den Leitern vergrößern. Nach einem Vorschlag von Pupin kann man auch ersatzweise zusätzlich Spulen in regelmäßigen Abständen in die Leitung einschalten. Sind die Abstände der Spulen so klein, daß für das zwischen zwei Spulen liegende Leitungsstück noch die Ersatzschaltung 12.1 gilt, dann wirkt die zusätzliche Spule wie eine Erhöhung der Größe $L' = \Delta L/\Delta l$. Da diese Bedingung mit wirtschaftlich vertretbaren Spulenabständen von einigen Kilometern nur für Wechselspannungen mit Frequenzen von höchstens einigen Kilohertz erfüllt ist, kann man solche Pupinleitungen nur für die Übertragung niederfrequenter Signale benutzen.

Bei einer verlustfreien Leitung mit

$$R' = 0 \qquad G' = 0$$

wird

$$\alpha = 0 \qquad \beta = \omega\sqrt{L'C'}. \tag{12.34}$$

Wir berechnen den Wert $\sqrt{L'C'}$ für eine Koaxialleitung. Zusammen mit den Gleichungen (1.73) und (5.49) ergibt sich hierfür

$$\sqrt{L'C'} = \sqrt{\frac{\mu}{2\pi}\ln\left(\frac{r_2}{r_1}\right)\cdot\frac{2\pi\varepsilon}{\ln\left(\frac{r_2}{r_1}\right)}} = \sqrt{\varepsilon\mu}.$$

$\sqrt{L'C'}$ ist also unabhängig von den Abmessungen der Leitung. Man kann zeigen, daß das allgemein für verlustfreie Leitungen und nicht nur für das Koaxialkabel gilt. Der Kehrwert von $\sqrt{\varepsilon\mu}$ hat die Dimension einer Geschwindigkeit und ist, wie wir später sehen werden, die Ausbreitungsgeschwindigkeit der elektromagnetischen Wellen längs der Leitung. Er wird mit c bezeichnet und stimmt für $\varepsilon=\varepsilon_0$ und $\mu=\mu_0$ mit der Lichtgeschwindigkeit c_0 im Vakuum überein. Wir schreiben deshalb statt Gl. (12.34)

$$\beta=\omega/c. \tag{12.35}$$

12.3 Die Transformationseigenschaften der Leitung

In diesem Abschnitt wollen wir den Zusammenhang zwischen Eingangs- und Abschlußimpedanz einer Leitung untersuchen. Hierfür gelten natürlich die im Abschnitt 11.6 behandelten Gesetzmäßigkeiten. Nach

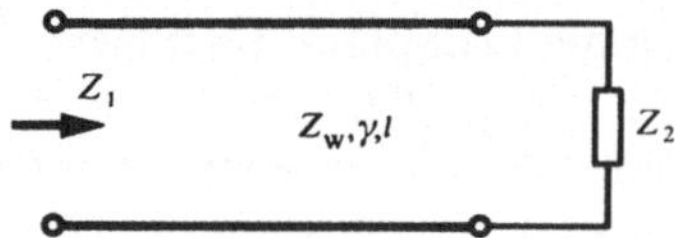

Abb. 12.3 Transformation einer Impedanz Z_2 durch eine Leitung

Gleichung (11.81) beträgt die Eingangsimpedanz Z_1 eines Zweitors, das mit Z_2 abgeschlossen ist,

$$Z_1 = \frac{A_{11}Z_2+A_{12}}{A_{21}Z_2+A_{22}}. \tag{11.81}$$

Ist das Zweitor eine Leitung wie in Abb. 12.3, so hat man für die Elemente der Kettenmatrix die Werte aus Gleichung (12.17) einzusetzen,

$$Z_1 = \frac{Z_2\cosh\gamma l+Z_w\sinh\gamma l}{\dfrac{Z_2}{Z_w}\sinh\gamma l+\cosh\gamma l}$$

oder

$$Z_1=Z_w\frac{\dfrac{Z_2}{Z_w}+\tanh\gamma l}{1+\dfrac{Z_2}{Z_w}\tanh\gamma l}. \tag{12.36}$$

Drückt man die Hyperbelfunktionen durch Exponentialfunktionen aus, so erhält (12.36) die Form

$$Z_1=Z_w\frac{1+\dfrac{Z_2-Z_w}{Z_2+Z_w}e^{-2\gamma l}}{1-\dfrac{Z_2-Z_w}{Z_2+Z_w}e^{-2\gamma l}}, \tag{12.37}$$

die sich bequemer auswerten läßt. Bei einer verlustbehafteten Leitung wächst der Realteil von γl mit zunehmender Leitungslänge, so daß $e^{-2\gamma l}$ gegen null strebt und Z_1 unabhängig von Z_2 gleich dem Wellenwiderstand Z_w wird.

Im Gegensatz hierzu gilt für die verlustfreie Leitung wegen $\alpha = 0$

$$\gamma l = \mathrm{j}\beta l, \qquad \tanh \gamma l = \mathrm{j} \tan \beta l.$$

Die Eingangsimpedanz ändert sich in diesem Fall periodisch mit βl. Die Verhältnisse sind besonders einfach, wenn βl ein ganzzahliges Vielfaches von $\pi/2$ ist. Um sie übersichtlich beschreiben zu können, verwendet man den Begriff der Wellenlänge λ, der im Abschnitt 12.5 erläutert und durch Gleichung (12.68) zu $\lambda = 2\pi/\beta$ definiert wird. λ ist also diejenige Leitungslänge, für die $\beta \lambda = 2\pi$ ist. Bei ganzzahligen Vielfachen einer halben Wellenlänge $l = \lambda/2$ gilt $\tan \beta l = 0$, also

$$Z_1 = Z_2 \qquad \text{für } l = \nu \lambda/2.$$

Jede beliebige Impedanz Z_2 erscheint also unverändert am Eingang der Leitung. Bei ungeradzahligen Vielfachen einer Viertelwellenlänge ist $\tan \beta l = \infty$ und

$$Z_1 = \frac{Z_w^2}{Z_2} \qquad \text{für } l = \frac{(2\nu + 1)\lambda}{4}.$$

Die Leitung wirkt als „Dualwandler“ mit Z_w als Dualitätsinvariante. Speziell gilt

$$Z_1 = 0 \quad \text{für} \quad Z_2 = \infty \quad \text{(ausgangsseitiger Leerlauf)}$$

$$Z_1 = \infty \quad \text{für} \quad Z_2 = 0 \quad \text{(ausgangsseitiger Kurzschluß)}.$$

Die allgemeinen Transformationseigenschaften lassen sich am übersichtlichsten an den in Abschnitt 11.6 eingeführten Größen r_1 und r_2 übersehen. Die Verhältnisse werden hier besonders einfach, weil die Leitung ein symmetrisches Zweitor ist und deshalb die beiden Wellenwiderstände übereinstimmen. Es gilt also nach den Gleichungen (11.90) und (11.91):

$$r_1 = \frac{Z_1 - Z_w}{Z_1 + Z_w} \qquad r_2 = \frac{Z_2 - Z_w}{Z_2 + Z_w}. \tag{12.39}$$

Die allgemeine Transformationsgleichung

$$r_1 = e^{-2g}\, r_2 \tag{11.95}$$

erhält mit

$$g=\gamma l=\alpha l+\mathrm{j}\beta l \tag{12.40}$$

die Form

$$r_1=\mathrm{e}^{-2\alpha l}\cdot\mathrm{e}^{-\mathrm{j}2\beta l}\cdot r_2\,. \tag{12.41}$$

Die Abbildung von r_2 auf r_1 besteht demnach aus einer Drehung und Schrumpfung, die beide der Leitungslänge proportional sind.

Bei der verlustfreien Leitung ($\alpha=0$) besteht die Abbildung (11.95) nur aus einer Drehung um den Winkel $-2\beta l$. Dabei bewirkt die Leitungslänge

$$l=\frac{\pi}{\beta}=\frac{c\pi}{\omega}=\frac{\lambda}{2}$$

oder ein Vielfaches davon gerade eine volle Drehung, so daß hier $r_1=r_2$ wird, in Übereinstimmung mit Gleichung (12.37).

12.4 Das Betriebsverhalten der Leitung

Nach Abschnitt 11.7 wird das Betriebsverhalten eines Zweitors, das nach Abb. 12.4 zwischen einen Generator und einen Verbraucher eingeschaltet ist, durch die Gleichung

$$\frac{U_0}{2U_2}=\frac{1}{2}\left(A_{11}+A_{22}\frac{R_1}{R_2}+\frac{A_{12}}{R_2}+A_{21}R_1\right) \tag{11.112}$$

beschrieben. Ersetzt man die Elemente der Kettenmatrix durch die Werte aus (12.17), so ergibt sich

$$\frac{U_0}{2U_2}=\frac{1}{2}(1+R_1/R_2)\cosh\gamma l+\frac{1}{2}\left(\frac{Z_\mathrm{w}}{R_2}+\frac{R_1}{Z_\mathrm{w}}\right)\sinh\gamma l\,.$$

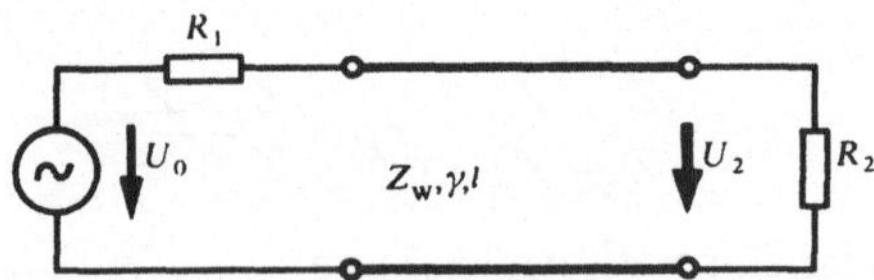

Abb. 12.4 Leitung zwischen Generator und Verbraucher

Für die numerische Auswertung dieser Gleichung ist es vorteilhaft, die Hyperbelfunktionen durch Exponentialfunktionen auszudrücken und den Faktor $e^{\gamma l}$ auszuklammern:

$$\frac{U_0}{2U_2} = \frac{e^{\gamma l}}{4}\left[\left(1+\frac{R_1}{R_2}\right)(1+e^{-2\gamma l}) + \left(\frac{Z_w}{R_2}+\frac{R_1}{Z_w}\right)(1-e^{-2\gamma l})\right]$$
$$= \frac{e^{\gamma l}}{4}\left[\left(1+\frac{R_1}{R_2}+\frac{Z_w}{R_2}+\frac{R_1}{Z_w}\right) + \left(1+\frac{R_1}{R_2}-\frac{Z_w}{R_2}-\frac{R_1}{Z_w}\right)e^{-2\gamma l}\right]. \quad (12.46)$$

Nun ist aber

$$1+\frac{R_1}{R_2}+\frac{Z_w}{R_2}+\frac{R_1}{Z_w} = \left(1+\frac{R_1}{Z_w}\right)\left(1+\frac{Z_w}{R_2}\right)$$
$$1+\frac{R_1}{R_2}-\frac{Z_w}{R_2}-\frac{R_1}{Z_w} = \left(1-\frac{R_1}{Z_w}\right)\left(1-\frac{Z_w}{R_2}\right).$$

Damit wird

$$\frac{U_0}{2U_2} = \frac{1}{4}\left(\frac{R_1}{Z_w}+1\right)\left(1+\frac{Z_w}{R_2}\right)e^{\gamma l}\left(1-\frac{R_1-Z_w}{R_1+Z_w}\cdot\frac{R_2-Z_w}{R_2+Z_w}\cdot e^{-2\gamma l}\right). \quad (12.47)$$

Hier treten die Lineartransformationen

$$r_1 = \frac{R_1-Z_w}{R_1+Z_w} \qquad r_2 = \frac{R_2-Z_w}{R_2+Z_w}$$

der Impedanzen R_1 und R_2 auf. Zusammen mit

$$\frac{1}{2}\left(\frac{R_1}{Z_w}+1\right) = \frac{1}{1-r_1}$$

und

$$\frac{1}{2}\left(1+\frac{Z_w}{R_2}\right) = \frac{1}{1+r_2},$$

erhält Gleichung (12.47) damit die einfache Form

$$\frac{2U_2}{U_0} = \frac{(1-r_1)(1+r_2)}{1-r_1 r_2 e^{-2\gamma l}}e^{-\gamma l}. \quad (12.48)$$

Wenn die Impedanzen beider Abschlußwiderstände mit dem Wellenwiderstand übereinstimmen, ist

$$R_1 = Z_w, \qquad R_2 = Z_w$$

bzw.

$$r_1=0, \qquad r_2=0$$

und

$$\frac{2U_2}{U_0}=\mathrm{e}^{-\gamma l}.$$

Man kann also die Übertragungsfunktion (12.48) für beliebige Impedanzen R_1 und R_2 als Produkt der Übertragungsfunktion $\mathrm{e}^{-\gamma l}$ für beidseitige Anpassung und eines Korrekturfaktors auffassen, der den Einfluß der „Fehlanpassung" beschreibt. Wenn eine der Impedanzen R_1 oder R_2 mit Z_w übereinstimmt, wird

$$\frac{2U_2}{U_0}=(1-r_1)\mathrm{e}^{-\gamma l} \quad \text{für} \quad R_2=Z_w$$

und

$$\frac{2U_2}{U_0}=(1+r_2)\mathrm{e}^{-\gamma l} \quad \text{für} \quad R_1=Z_w,$$

weil in beiden Fällen der Nenner von (12.48) den Wert eins hat. Auch bei beliebigen Impedanzen R_1, R_2 unterscheidet sich der Nenner in (12.48) gewöhnlich nur wenig von eins, weil die Beträge von r_1, r_2 und $\mathrm{e}^{-\gamma l}$ im allgemeinen kleiner als eins sind. Die Gleichung (12.48) ist deswegen auch für die numerische Auswertung sehr gut zu gebrauchen.

Bei der verlustfreien Leitung wird wegen $\alpha=0$

$$\mathrm{e}^{\gamma l}=\mathrm{e}^{\mathrm{j}\beta l}=e^{\mathrm{j}\omega l/c}$$

und

$$\frac{2U_2}{U_0}=\frac{(1-r_1)(1+r_2)\cdot\mathrm{e}^{-\mathrm{j}\omega l/c}}{1-r_1 r_2\mathrm{e}^{-\mathrm{j}2\omega l/c}}. \tag{12.51}$$

Die Übertragungseigenschaften sind also periodisch in ω und l. Da der Wellenwiderstand Z_w reell ist, werden r_1 und r_2 für reelle Impedanzen R_1 und R_2 ebenfalls reell und frequenzunabhängig. In diesem Fall ergibt sich für den Betrag von Gleichung (12.51)

$$\left|\frac{2U_2}{U_0}\right|=\frac{(1-r_1)(1+r_2)}{|1-r_1 r_2\mathrm{e}^{-\mathrm{j}2\omega l/c}|}. \tag{12.52}$$

Der Nenner aus (12.52) läßt sich noch weiter vereinfachen:

$$\begin{aligned}|1-r_1 r_2\mathrm{e}^{-\mathrm{j}2\omega l/c}|^2&=[(1-r_1 r_2\cos(2\omega l/c)]^2+[r_1 r_2\sin(2\omega l/c)]^2\\&=1-2r_1 r_2\cos(2\omega l/c)+(r_1 r_2)^2.\end{aligned}$$

Wenn $\cos(2\omega l/c)$ die Werte ± 1 annimmt, wird der Nenner ein vollständiges Quadrat mit dem Wert

$$(1 \pm r_1 r_2)^2 .$$

Der Betrag von $2U_2/U_0$ pendelt also zwischen den Werten

$$\left|\frac{2U_2}{U_0}\right| = \frac{(1-r_1)(1+r_2)}{1+r_1 r_2} \quad \text{und} \quad \left|\frac{2U_2}{U_0}\right| = \frac{(1-r_1)(1+r_2)}{1-r_1 r_2}$$

hin und her. Welcher der beiden Werte ein Minimum und welcher ein Maximum ist, hängt von den Vorzeichen von r_1 und r_2 ab.

Für

$$R_1 < Z_w \qquad R_2 > Z_w ,$$

also

$$r_1 < 0 \qquad r_2 > 0 \qquad r_1 r_2 < 0 ,$$

nimmt der Betrag von U_2 bei konstanter Spannung U_0 zu, wenn man die Leitungslänge von $l=0$ auf $l=\pi c/(4\omega)$ vergrößert. Aus diesem Grund muß man das Leerlaufen von langen Hochspannungsleitungen vermeiden, weil dabei die Spannung am Ende so stark ansteigen kann, daß die Isolation gefährdet wird.

12.5 Spannung und Strom längs der Leitung

Bisher haben wir die Betriebseigenschaften der Leitung untersucht, d.h. das Verhältnis der Spannungen oder Ströme an den Enden der Leitung. Bei vielen Anwendungen interessiert man sich aber auch für die Werte der Spannung und des Stromes entlang der Leitung, z.B. im Abstand x vom Leitungsanfang. Diese Aufgabe können wir leicht lösen, indem wir uns die Leitung nach Abb. 12.5 in zwei Stücke mit der Länge x und $l-x$ zerlegt denken und zur Berechnung der Ströme und

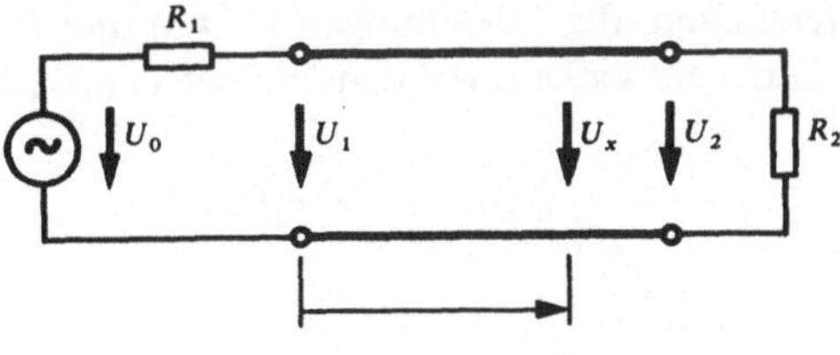

Abb. 12.5 Unterteilung der Leitung zur Berechnung der Spannung im Abstand x vom Leitungsanfang

Spannungen an den Enden der Leitungsstücke die schon bekannten Gleichungen benutzen.

Für das zweite Leitungsstück mit der Länge $l-x$ gilt nach Gleichung (12.48)

$$\frac{2U_2}{U_x} = \frac{(1-r_1')(1+r_2)\mathrm{e}^{-\gamma(l-x)}}{1-r_1' r_2 \mathrm{e}^{-2\gamma(l-x)}}. \tag{12.60}$$

Da man sich U_x durch eine Spannungsquelle mit der Leerlaufspannung U_x und dem Innenwiderstand $R_1'=0$ erzeugt denken kann, wird

$$r_1' = \frac{R_1'-Z_\mathrm{w}}{R_1'+Z_\mathrm{w}} = -1,$$

und (12.60) erhält die Form

$$\frac{U_2}{U_x} = \frac{(1+r_2)\mathrm{e}^{-\gamma(l-x)}}{1+r_2 \mathrm{e}^{-2\gamma(l-x)}}. \tag{12.61}$$

Für die ganze Leitung gilt nach Gleichung (12.48)

$$\frac{2U_2}{U_0} = \frac{(1-r_1)(1+r_2)\mathrm{e}^{-\gamma l}}{1-r_1 r_2 \mathrm{e}^{-2\gamma l}}. \tag{12.62}$$

Wir eliminieren U_2 aus den Gleichungen (12.61) und (12.62) und erhalten dadurch das gesuchte Verhältnis U_x/U_0:

$$\frac{2U_x}{U_0} = \frac{(1-r_1)(1+r_2 \mathrm{e}^{-2\gamma(l-x)})}{1-r_1 r_2 \mathrm{e}^{-2\gamma l}}\mathrm{e}^{-\gamma x}. \tag{12.63}$$

Entsprechend ergibt sich für das Verhältnis des Leitungsstromes I_x an der Stelle x zum Kurzschlußstrom I_0 des speisenden Generators

$$\frac{2I_x}{I_0} = \frac{(1+r_1)(1-r_2 \mathrm{e}^{-2\gamma(l-x)})}{1-r_1 r_2 \mathrm{e}^{-2\gamma l}}\mathrm{e}^{-\gamma x}. \tag{12.64}$$

Wir wollen versuchen, die Gleichungen (12.63) und (12.64) physikalisch zu deuten. Dazu entwickeln wir den Nenner von (12.63) und (12.64) in die Reihe

$$\frac{1}{1-r_1 r_2 \mathrm{e}^{-2\gamma l}} = \sum_{\nu=0}^{\infty} (r_1 r_2)^\nu \mathrm{e}^{-2\nu\gamma l},$$

die immer konvergiert, wenn nicht zugleich

$$|r_1|=1, \quad |r_2|=1, \quad |\mathrm{e}^{-2\gamma l}|=1$$

ist. Diese Reihenentwicklung in (12.63) eingesetzt, ergibt die Beziehung

$$\frac{2U_x}{U_0} = (1-r_1)\sum_{\nu=0}^{\infty}\left[(r_1 r_2)^\nu e^{-\gamma(x+2\nu l)} + r_2(r_1 r_2)^\nu e^{-\gamma(2l-x+2\nu l)}\right]. \tag{12.65}$$

Sie liefert die komplexe Amplitude U_x als eine unendliche Summe von Gliedern der Form

$$U_\nu e^{-\gamma x_\nu},$$

wobei

$$x_\nu = 2\nu l + x \quad \text{bzw.} \quad x_\nu = 2(\nu+1)l - x$$

ist.

Zur physikalischen Deutung dieser Summanden gehen wir von den komplexen Amplituden wieder zu den Augenblickswerten der zugehörigen Zeitfunktion über. Es ist mit

$$U_\nu = \hat{u}_\nu e^{j\psi_\nu} \quad \text{und} \quad \gamma = \alpha + j\beta$$

$$u_{x\nu} = \mathrm{Re}\{U_\nu e^{-\gamma x_\nu} e^{j\omega t}\} = \hat{u}_\nu e^{-\alpha x_\nu}\cos(\omega t - \beta x_\nu + \psi_\nu). \tag{12.67}$$

Aus dieser Gleichung lesen wir ab: An einem festen Ort x_ν auf der Leitung ändert sich die Spannung u_{x_ν} zeitlich sinusförmig. Ihr Verlauf ist um die Zeit

$$t_\nu = \frac{\beta x_\nu}{\omega}$$

gegenüber der Spannung am Leitungsanfang verzögert. Zu einer festen Zeit t ändert sich $u_{x\nu}$ in Abhängigkeit von x_ν wie eine gedämpfte Schwingung. Der Grad der Dämpfung ist durch die Konstante α festgelegt, die man deshalb als Dämpfungskonstante bezeichnet. Der Phasenwinkel der gedämpften Schwingung ist durch die Konstante β bestimmt, die man dementsprechend als Phasenkonstante bezeichnet.

Zusammen ergibt die Orts- und Zeitabhängigkeit von $u_{x\nu}$ eine fortschreitende, gedämpfte Sinuswelle. Um diesen Sachverhalt noch deutlicher zu erkennen, betrachten wir z.B. den ersten Nulldurchgang der Spannung $u_{x\nu}$, setzen also in Gleichung (12.67)

$$\omega t - \beta x_{\nu 0} + \psi_\nu = \frac{\pi}{2}.$$

Daraus ergibt sich für den Ort $x_{\nu 0}$ des Nulldurchganges der Spannung

$$x_{\nu 0} = \frac{\omega}{\beta} t + \text{const},$$

d.h., ein Nulldurchgang der gedämpften Sinuswelle wandert auf der Leitung mit der konstanten Geschwindigkeit $c=\omega/\beta$ in Richtung wachsender x_ν.

Die Periodenlänge dieser Sinus-Welle nennt man die Wellenlänge λ. Sie ist durch die Gleichung

$$\beta\lambda=2\pi$$

oder

$$\lambda=\frac{2\pi}{\beta} \tag{12.68}$$

bestimmt. Wenn für die Phasenkonstante der Näherungswert (12.35)

$$\beta=\omega\sqrt{\varepsilon\mu}=\frac{\omega}{c} \tag{12.35}$$

gilt, ergibt sich aus Gleichung (12.68) für die Wellenlänge

$$\lambda=\frac{2\pi}{\beta}=\frac{2\pi c}{\omega}=\frac{c}{f}. \tag{12.69}$$

Für $c=c_0=1/\sqrt{\varepsilon_0\mu_0}$ gelten folgende Zuordnungen von Frequenz f und Wellenlänge λ:

$$\begin{aligned}
f &= 50\,\text{Hz} & \lambda &= 6000\,\text{km}.\\
f &= 1\,\text{KHz} & \lambda &= 300\,\text{km}\\
f &= 1\,\text{MHz} & \lambda &= 300\,\text{m}\\
f &= 1\,\text{GHz} & \lambda &= 30\,\text{cm}.
\end{aligned}$$

Wir kehren nun wieder zu der Reihenentwicklung (12.65) zurück und schreiben die ersten Glieder der Summe ausführlich an. Das ergibt

$$\begin{aligned}
&\mathrm{e}^{-\gamma x} + r_2\mathrm{e}^{-\gamma(l+l-x)}\\
&+r_1r_2\mathrm{e}^{-\gamma(2l+x)}+r_1r_2^2\mathrm{e}^{-\gamma(3l+l-x)}\\
&+(r_1r_2)^2\mathrm{e}^{-\gamma(4l+x)}+r_1^2r_2^3\mathrm{e}^{-\gamma(5l+l-x)}+\ldots
\end{aligned}$$

Entsprechend den vorherigen Überlegungen kann der erste Summand als eine Welle gedeutet werden, die unmittelbar vom Generator kommend nur die Strecke x durchlaufen hat. Der zweite Summand ist eine Welle, die die Leitungslänge l durchlaufen hat, am Leitungsende mit dem Faktor r_2 reflektiert wurde und nach Durchlaufen der Strecke $l-x$ wieder bei x angelangt ist usw. Die Summanden in der linken Spalte stellen also Wellen dar, die in positiver x-Richtung laufen und 2ν-mal reflektiert wurden. Die Summanden in der rechten Spalte stellen Wellen dar, die in der entgegengesetzten Richtung laufen und dabei $2\nu+1$-mal reflektiert wurden. Wir erkennen nun auch die Bedeutung der zunächst rein formal eingeführten Größen r_1 und r_2. Es sind die Faktoren, um die die komplexen Amplituden einer Welle bei der Reflexion an den Leitungsenden verändert werden. Man nennt sie deswegen Wellen-Reflexionsfaktoren. Die Reihendarstellung (12.65) bietet aber nicht nur eine anschauliche Interpretation der Vorgänge auf der Leitung, sie ist auch ein brauchbares Hilfsmittel zur numerischen Auswertung der Gleichungen (12.63) und (12.64), da sie im allgemeinen sehr schnell konvergiert.

Wir betrachten nun einige Sonderfälle. Wenn die Leitung mit ihrem Wellenwiderstand abgeschlossen ist ($R_2=Z_w$), ergibt sich wegen $r_2=0$ aus Gleichung (12.63)

$$\frac{2U_x}{U_0}=(1-r_1)e^{-\gamma x}=(1-r_1)e^{-\alpha x}e^{-j\beta x}.$$

Auf der Leitung existiert also nur eine gedämpfte, fortschreitende Welle, die sich mit der Geschwindigkeit $c=\omega/\beta$ in x-Richtung ausbreitet. Ist die Leitung außerdem „verzerrungsfrei“, dann sind nach Abschnitt 12.2 die Dämpfungskonstante

$$\alpha=R'\sqrt{\frac{C'}{L'}}=G'\sqrt{\frac{L'}{C'}} \tag{12.32}$$

und die Ausbreitungsgeschwindigkeit

$$\frac{\omega}{\beta}=\frac{1}{\sqrt{L'C'}} \tag{12.35}$$

unabhängig von der Frequenz ω, so daß alle Frequenzanteile eines Signales gleichstark gedämpft und verzögert werden. Der zeitliche Verlauf des Signales bleibt deshalb bei der Übertragung durch die Leitung unverzerrt; es erscheinen lediglich alle Momentanwerte des Signals um einen konstanten Faktor verkleinert. Dieses Verhalten hat der verzerrungsfreien Leitung ihren Namen gegeben, wie es schon in Abschnitt 12.2 angedeutet wurde.

Besonders einfache Verhältnisse liegen bei der verlustfreien Leitung vor. Hier ist $\alpha=0$ und infolgedessen $e^{\gamma l}=e^{j\beta l}$ periodisch in l. Die Strom- und Spannungsverteilung wiederholt sich periodisch auf der Leitung. Wir berechnen die Strom- und Spannungsverteilung entlang der Leitung für den Sonderfall, daß eine der Abschlußimpedanzen mit dem

Wellenwiderstand übereinstimmt. Z.B. ergibt sich für $R_1 = Z_w$, d.h. $r_1 = 0$ aus den Gleichungen (12.63) und (12.64)

$$\frac{2U_x}{U_0} = e^{-j\beta x}(1 + r_2 e^{-2j\beta(l-x)}) \tag{12.78}$$

$$\frac{2I_x}{I_0} = e^{-j\beta x}(1 - r_2 e^{-2j\beta(l-x)}). \tag{12.79}$$

Wir wollen die Beträge dieser Größen ausrechnen und nehmen dazu an, daß R_2 reell ist. Damit wird auch r_2 reell, weil der Wellenwiderstand Z_w einer verlustfreien Leitung ebenfalls reell ist. Wegen

$$|e^{j\beta x}| = 1$$

ergibt sich für den Betrag von (12.78)

$$\left|\frac{2U_x}{U_0}\right| = \sqrt{[1 + r_2 \cos 2\beta(l-x)]^2 + [r_2 \sin 2\beta(l-x)]^2}$$

$$\left|\frac{2U_x}{U_0}\right| = \sqrt{1 + 2r_2 \cos 2\beta(l-x) + r_2^2} \tag{12.80}$$

oder mit $\beta = \omega/c$

$$\left|\frac{U_x}{U_0}\right| = \sqrt{\left(\frac{1+r_2}{2}\right)^2 - r_2 \sin^2 \frac{\omega(l-x)}{c}}. \tag{12.81}$$

Entsprechend wird

$$\left|\frac{I_x}{I_0}\right| = \sqrt{\left(\frac{1-r_2}{2}\right)^2 + r_2 \sin^2 \frac{\omega(l-x)}{c}}. \tag{12.82}$$

Die Beträge der komplexen Spannungs- und Stromamplituden ändern sich also periodisch in x; die Periode ist nach Gleichung (12.80) die halbe Wellenlänge der fortschreitenden Welle. Wir betrachten zwei spezielle Fälle:

1. Leerlauf oder Kurzschluß am Leitungsende.
   Für den Leerlauf gilt $r_2 = 1$ und

$$\left|\frac{U_x}{U_0}\right| = \sqrt{1 - \sin^2 \frac{\omega(l-x)}{c}} = \left|\cos \frac{\omega(l-x)}{c}\right| \tag{12.83}$$

bzw.

$$\left|\frac{I_x}{U_0}\right| = \left|\sin \frac{\omega(l-x)}{c}\right|. \tag{12.84}$$

Die Ortsabhängigkeit von $|U_x|$ und $|I_x|$ ist für diesen Fall in Abb. 12.6 dargestellt. Entlang der Leitung gibt es Punkte, in denen die

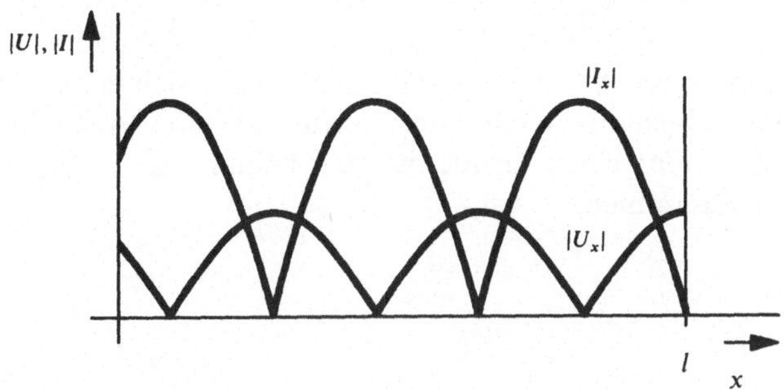

Abb. 12.6 Verteilung von Strom und Spannung auf einer verlustfreien, am Ende leerlaufenden Leitung

Stromamplitude den Wert null hat (Stromknoten). Sie folgen im Abstand $\lambda/2$ aufeinander. Ein Stromknoten liegt natürlich am leerlaufenden Ende der Leitung. Die Stromknoten fallen mit den Maxima der Spannungsamplituden zusammen. Umgekehrt fallen die Maxima der Stromamplituden mit den Spannungsknoten zusammen.

Beim Kurzschluß am Leitungsende ist $r_2 = -1$ und damit

$$\left|\frac{U_x}{U_0}\right| = \left|\sin\frac{\omega(l-x)}{c}\right|$$

$$\left|\frac{I_x}{I_0}\right| = \left|\cos\frac{\omega(l-x)}{c}\right|.$$

Die Ortsabhängigkeit von $|U_x|$ und $|I_x|$ ist dieselbe wie die in Abb. 12.6 dargestellte, nur sind die Rollen von Spannung und Strom vertauscht. Am kurzgeschlossenen Ende hat die Stromamplitude ein Maximum und die Spannungsamplitude einen Knoten. In beiden Fällen bilden Strom- und Spannungsamplituden „stehende Wellen" über der Leitungslänge x.

2. Abschlußimpedanz nur wenig von Z_w verschieden ($r_2 \ll 1$). Hier greifen wir auf Gleichung (12.80) zurück und vernachlässigen das Glied r_2^2:

$$\left|\frac{U_x}{U_0}\right| \approx \frac{1}{2}\sqrt{1+2r_2\cos\frac{2\omega(l-x)}{c}}$$

$$\approx \frac{1}{2}\left[1+r_2\cos\frac{2\omega(l-x)}{c}\right]. \tag{12.87}$$

Entsprechend ist

$$\left|\frac{I_x}{I_0}\right| \approx \frac{1}{2}\left[1 - r_2 \cos\frac{2\omega(l-x)}{c}\right]. \tag{12.88}$$

Die Spannungs- und Stromamplituden ändern sich entlang der Leitung näherungsweise nach einer Cosinusfunktion. Auch hier fallen die Maxima der einen Größe mit den Minima der anderen Größe räumlich zusammen.

SACH- UND NAMENVERZEICHNIS